食用菌生产中物质转化规律与循环利用技术研究

陈 华 王义祥 刘朋虎
林 怡 叶 菁 翁伯琦 等 著

U0306543

中国农业科学技术出版社

图书在版编目（CIP）数据

食用菌生产中物质转化规律与循环利用技术研究 /陈华等著 . --北京：中国农业科学技术出版社，2022.11

ISBN 978-7-5116-6051-0

Ⅰ.①食… Ⅱ.①陈… Ⅲ.①食用菌-蔬菜园艺-研究 Ⅳ.①S646

中国版本图书馆 CIP 数据核字（2022）第 225388 号

责任编辑	徐定娜
责任校对	王 彦
责任印制	姜义伟 王思文

出 版 者	中国农业科学技术出版社
	北京市中关村南大街 12 号　 邮编：100081
电　 话	（010）82105169（编辑室）　 （010）82109702（发行部）
	（010）82109709（读者服务部）
网　 址	https://castp.caas.cn
经 销 者	各地新华书店
印 刷 者	北京建宏印刷有限公司
开　 本	185 mm×260 mm　 1/16
印　 张	14.5
字　 数	281 千字
版　 次	2022 年 11 月第 1 版　 2022 年 11 月第 1 次印刷
定　 价	48.00 元

序

　　食用菌是我国继粮、棉、油、菜、果之后的第六大种植产业。发展食用菌产业，不仅可以增加菌物蛋白产品的输出，极大丰富市场"菜篮子"种类与数量，而且可以提高农户的经济收入；同时，食用菌生产有助建立农牧废弃物资源转化和生物能量高效循环利用模式，有助加快城乡纤维素废物在生态循环中的转化速度，进而提高整个农业生产生态系统的生产能力。

　　事实上，食用菌是一类营养成分极其丰富的可食用或者药用的大型真菌，有"无公害绿色蔬菜"之称。20世纪初，法国首先取得了双孢蘑菇纯菌种分离培养方面的成功。1930年，德国首次报道蘑菇属的干朽菌和白鬼笔驯化成功。20世纪70年代，美国发布关于"蘑菇是世界十大营养物质之一"的结论轰动了西方，让食用菌的研究与高质量开发风靡世界。随着科学技术的迅速发展，人类食品由动物蛋白逐渐扩大到植物蛋白、菌物蛋白，食用菌的栽培与产品开发日益受到重视，发展也越来越快。由于食用菌业是一项投资小、周期短、见效快的农业经济开发项目，集经济效益、生态效益和社会效益于一体，同时属劳动密集型产业，适于乡村农户就地生产与就地创业，加上我国广大乡村具有各种生态类型的菌物资源生息繁衍的良好环境，因此我国食用菌产业迅猛发展。从20世纪90年代开始，我国食用菌生产在国际上已位居第一。统计资料显示，目前我国人工栽培种类达20多种，食用菌总产量由1995年的300万t左右发展到2020年的4 000万t，约占世界食用菌生产总量的70%，年产值超过3 000亿元，成为世界上最大的食用菌生产国和出口国。

　　很显然，随着食用菌产业的迅猛发展，包括食用菌干产品、副食品、保健品、新饮料等加工产业的发展壮大，食用菌生产企业受到了原料短缺、生产成本上涨等因素的制约。因此，如何寻求本地廉价的栽培原料资源，获取并高效利用新型农林废弃物培养基质，实现农林废弃物的循环利用，减少食用菌栽培对森林资源的紧密依赖与大量消耗，价廉料优培养料的筛选和开发受到业界的广泛关注。研究表明，要促进食用菌产业高质量发展，除了要强化优良品种选育与应用，还必须强化2个方面协同攻关，一是优化配方与生态栽培模式研创及其集成应用；二是充分挖掘农牧菌业废弃物高效循环利用的潜力。提高农业废弃物生产菌物的效率并促进高效循环利用，无疑是重要环节与技术创新要点，进而需要注重农业废弃资源的科学评价与综合利用，深入挖掘食用菌业生产潜力，充分提高农业废弃物资源循环利用效率，力求从源头上推动食用菌产业朝着资源节约与环境友好的高质量绿色发展方向迈进，助力乡村产业振兴与农民增收致富。

不言而喻，农业是国民经济的基础产业，不仅维系人类生存与发展，而且影响生态平衡与安全。由于农业涉及生产行业众多，既有种植业，又有养殖业；既有碳汇产生，又有碳源排放。如何实施减排增效，怎样实现排吸平衡，是一个重要的理论与实践命题。我国是食用菌生产大国，栽培品种与产量都位居世界第一。深入研究食用菌产业的二氧化碳排放动态并阐明内在变化规律，创立食用菌产业碳排放评估的技术体系及其过程优化运作管理途径，力求为采取积极有效的碳减排与碳中和等技术措施提供科学依据，可为应对全球气候变化作出新的贡献。目前，关于农业固碳减排的研究正在逐步深入，其中稻田、动物及农田的温室气体排放的研究已经相对成熟，包括食用菌产业在内的其他农业源的温室气体排放研究还鲜见报道。食用菌是充分利用农牧废弃物的重要产业之一，如今也面临着如何固碳提质与节能减排的新课题，既要充分开发利用农牧废弃物，又要创新高效循环利用技术，同时要创立农牧菌业碳中和新途径。有数据显示，每年地球上通过绿色植物光合作用合成的有机化合物中，碳素就高达 $2×10^{11}$ t，但其中大部分是高等动物不能直接利用的粗纤维素（纤维素、半纤维素和木质素）。全世界每年能产生粗纤维高达 $7.2×10^{11}$ t，其中我国的产量为 $1.145×10^9$ t。其中农业下脚料等约为 $5.25×10^8$ t，畜禽粪便为 $2.5×10^8$ t，可见粗纤维在农业中占有较大比重。长久以来，如何高质量开发利用农牧废弃物等可再生资源，是许多科学工作者从事的研究课题。本书作者陈华副研究员、王义祥研究员、刘朋虎研究员及其科技创新团队成员长期从事农牧废弃物资源化转化与食用菌菌渣循环利用技术研究。他们从农牧废弃物转化利用入手，重点探索食用菌生产过程的转化效率、不同物料配方与生产工艺、食用菌栽培过程中重金属的污染防控、低重金属含量姬松茸品种选育与应用、食用菌生产过程碳排放规律及其固碳减排技术、食用菌菌渣再利用模式与栽培等突出问题，实施重点攻关与集成创新。本书是科技创新团队的研究工作阶段性总结，也是研究成果的集成展示，可供从事食用菌产业研究者及开发者参考与借鉴。

福建省是我国食用菌生产大省，其食用菌产量、产值和出口创汇连续十几年位于全国前列。近年来，福建省食用菌产量增长质量提升，食用菌总产量超过 230 万 t，位居全国第四，产值高达 120 亿元。我国人工能种植的食用菌约有 28 种，福建省就能够生产 26 种。双孢蘑菇是目前世界上人工栽培最广泛、产量最高、消费量最大的食用菌之一，也是我国目前较大的出口食用菌之一，福建省是双孢蘑菇生产大省；秀珍菇营养丰富，味道鲜美、质地细嫩，深受消费者的喜爱，因其适应性较强，培养料来源广泛，易栽培见效快、经济价值高，近年来在福建省的罗源、闽清等地大面积栽培，年生产量均在 5 000 万筒以上；海鲜菇、绣球菌等新品种开发正呈现良好开发态势，展现出巨大的增产增收潜力。福建省食用菌产业基本上完成设施化栽培的技术改造，步入了工厂化与智能化生产管理的新阶段，其集约化与规模化生产水平都走在全国前列。在力倡节能减排生产与收获高效优质产品的新阶段，深入研究食用菌栽培过程中物质转化与高效循环利用技术，对福建省乃至全国食用菌产业的提质增效与绿色发展具有重要的科学意义。希望福建省食用菌产业继续保持旺盛活力，更期待科研团队着力于物质转化内在机制与循环利用关键技术研究再取得新突破，有效服务于食用菌产业高质量发展，为食用菌生产大省向食用菌产业强省跨越发展，为乡村产业振兴与农业绿色发展作出新的贡献。

目　　录

第一章

食用菌对农业废弃物转化利用及其成效

食用菌作为我国农业产业重要组成部分，其与种植业、养殖业等有机结合，实现物质与能量的循环转化，对于提高农业废弃物利用的价值和效率，改善农村生态环境，降低农业生产成本等发挥着重要的作用。在食用菌生产过程中，培养料物质结构发生质的变化，可使原料纤维素含量降低 50%、木质素含量降低 30%、粗蛋白含量增加 6%～7%、粗脂肪含量增加 1 倍左右，并利用这些分解产物产生大量可以利用的菌体蛋白（张保安等，2012）。可以说，食用菌产业作为连接种植业和养殖业的重要纽带，实现了农业废弃物资源高效循环利用，成为原料和能量循环的"枢纽"。

第一节　农业废弃物资源现状及分析

中国是农业大国，农业经济起着至关重要的作用，全国大部分的食品都必须依赖农业。随着科技的发展，农业也变得越来越现代化，但现代化生产中往往充斥着化肥、农药及机械化操作等，大规模的农业生产导致大量农业废料未得到妥善处理。在这种情况下，大量的农业废弃物累积，成了破坏环境的重要污染物。因此，如何正确有效处理、利用农业废弃物，成了农业发展过程中的一大难题。

常见的废弃物为秸秆废弃物，1 t 的稻谷就可以生产出 200 kg 的稻壳废物，中国作为农业大国，仅用世界 7% 的耕地就养活 14 亿人，根据国家统计局的数据，2021 年全国的粮食总产量达到了 6.8 亿 t，而在庞大的数据后面，大量的秸秆废弃物难以得到妥善解决。作为农业生产中常见的废物之一，稻壳中含有大量纤维素、半纤维素、木质素等，具有很大的利用价值，受制于资金、文化、管理力度限制，很多农民直接选择焚烧，这无疑会产生烟雾、粉尘、有害气体等，直接对环境造成损害。目前，为提高秸秆废弃物的利用率，秸秆废弃物开始被制成稻壳板、生物炭、复合材料等（张双燕等，2022），也可作为原料用来栽培食用菌，因其低成本、高回报价值而具有很大的发展空间，此外，也可以用来饲养禽畜、生产沼气达到循环利用的目的（李琪等，2012）。

养殖场运行过程中产生的禽畜粪便也给环境造成相当大的损害，随着生活水平的不断提高，养殖业飞速发展适应广大人民生活的需要，但同时也产生了大量的禽畜粪便，据统计，每年产生数十亿吨的禽畜粪便（李斌等，2020），而当中某些禽畜饲养户直接将猪、牛、鸡、鸭等生产的粪便排入水源之中，未对其进行任何降解转换处理，水源环境受到严重威胁。水体受到损伤使得农户无法再利用水源进行农业生产，甚至可能污染到饮用水。随着科技不断进步，大部分的养殖场在禽畜粪便处理技术上进行了改善，如尝试利用传统方式将粪便作为农业肥料进行回收，或采用沼气池等现代化设备制成沼气，但受制于设备简陋、资金短缺、操作不够规范的问题，养殖场的禽畜粪便废弃物处理技术还有待全面优化。

此外，农药包装废弃物等农业废弃物的数量也在不断提升，大部分农药包装在环境中无法天然降解，塑料类包装经过长时间的化学反应，还可能在土壤中生成有毒有害物质。有些农药包装内还残留少量农药，流入水源内直接污染水源，还可导致水源中的水产生物体内产生农药残留，进而可能危害人体健康。目前，各地对农药包装废弃物的处理愈发重视，开始建立统一回收点，分级管理，对回收的农药包装进行分类清点登记，集中进行无害化处理（唐强荣等，2021）。尽管目前对农业废弃物的管理在不断加强，但问题还是十分明显，如农业废弃物的回收利用处理技术不够完善，且因为很多农业生产者属于个体户，技术成本太高无法得到很好的普及。因此，目前的情况仍然不容乐观，农业废弃物整治之路任重而道远。

第二节　食用菌产业发展现状与分析

食用菌一般是可食用大型真菌的总称，素有"山中之珍"的美称，不仅拥有鲜美的风味，营养丰富，养颜美容，并且也被广泛应用于医药方面的研究，对于辅助治疗心血管、胃肠道、高血压和糖尿病等均有不错的效果。中国作为食用菌第一大国，同时也是最早人工种植食用菌的国家之一，栽培历史最早可追溯到唐代公元7世纪左右。古代贵族对灵芝具有极高的评价，将其视为保健佳品，说明在古代，"食疗"文化就已经得到相当的发展，而对其他食用菌，更多重视其风味（游容华，2019）。在现代，更多的食用菌因其良好的风味或其独特的功效，诸如冬虫夏草、羊肚菌、竹荪，价格不菲，往往作为赠礼佳品；而寻常家庭中食用的，如香菇、平菇、黑木耳等，基本都达到了大规模工业化生产，价格相对低廉。食用菌已成为中国第六大农作物，被作为日常生活中的主要食品支柱。目前，受到国家政策的相关扶持，及在电商平台不断火爆的前提下，食用菌产业正在蓬勃发展，不少地区的食用菌品牌达到了全国知名的地位，如庆元香菇、西峡香菇、通江银耳、古田银耳和东宁黑木耳等等，同时也给当地其他农业带来了前所未有的商业前景。肥胖率的不断上升一直是一个难以解决的社会难题，而食用菌因其低热量、低脂肪、高蛋白等优势，获得越来越多年轻人的喜爱。目前，中国成为世界食用菌生产第一大国，我国的香菇、平菇、草菇、银耳、滑菇、灵芝、金针菇、黑木耳等产品的产量均居世界第一位（唐强荣等，2021）。全国的食用菌产量已经从 1978 年占全球总产量的 5.7% 发展到 2009 年的 80% 以上，至今一直保持着位于前列的强劲发展势头（游容华，2019）。2020 年全国食用菌产量就达到了 4 061.4 万 t，并且每年产量及在全球的占比都呈不断上升趋势，其中主要的种类及产量分别为：香菇（1 128.21万 t）、黑木耳（706.43 万 t）、平菇（682.96 万 t）、金针菇（227.91 万 t）等（贺国强等，2022）。部分食用菌用于出口，主要销往周边国家和地区。而欧美食用菌市场主要以双孢菇为主，例如美国，食用菌也作为其传统特色产业之一，在所有蔬菜的产量中居于第四名，且其消费数量基本也处于不断上升的状态，双孢菇是美国食用菌占比最大的品种，种植历史达到 120 年左右，此外香菇、平菇等比例较小（于洁等，2021）。

在现代生态循环农业生产中，食用菌生产是现代农业与生态循环的重要组成部分，也是实现物质与能量循环转化的重要环节与纽带，其有效发展将起到重要的承载与传递作用。种植食用菌的原料一般由秸秆、木屑、粪便、米糠等原料组成，因其成本低，回报较高，全年均可种植，一直是推动农业发展的一大产业支柱。据调查数据统计，平菇的工厂化生产成本平均为 2.215 元/kg，平均收益为 1.785 元/kg；金针菇的工厂化生产成本平均为 2.820 元/kg，平均收益为 3.068 元/kg（葛颜祥等，2020）。食用菌种植过程中会产生大量菌糠，但其回收率一向不高，菌糠内含有大量营养物质，其中粗蛋白、粗纤维、粗脂肪均具有较高的比例，因此也开始被回收利用。菌糠可被制成菌物饲料喂养禽畜，其营养价值甚至超过普通饲料，在降低禽畜饲养成本的同时还能促进其消化吸收，动物产生的粪便也可重新利用种植食用菌，实现"食用菌-动物"的生态产业经济循环；也可利用菌糠发酵生产沼气，其生产效率不输某些禽畜粪便发酵生产的效率，提高种植食用菌带来的经济收益，目前，利用食用菌菌糠生产沼气技术主要还处于探索阶段，具有优秀的应用前景。此外，食用菌系列产品不仅为人类生存与发展提供重要的菌物蛋白，而且其又是医疗保健品和功能食品的重要来源，对完善与丰富人类饮食结构，提高免疫功能有着明显的促进作用。此外，在食用菌生产过程中，可利用真菌分解废弃物中碳氮等物质，进而产生大量可以利用的子实体蛋白（菇类蛋白产品）（葛颜祥等，2020），一般会使农牧废弃物原料之中 50% 的纤维素含量、30% 的木质素含量得以有效转化；通过优化栽培配方与生产工艺改革，通常子实体（菇体）蛋白含量会增加6%～7%、粗脂肪含量增加20%～25%。因此，促进食用菌产业的高质量发展将有助于提高农业废弃物的利用价值，并提高再生利用效率，改善农业生态环境，降低农业生产成本。我国利用农业废弃物生产食用菌的规模与效益水平，尽管有量与质的飞跃，但仍然有一些技术还落后于其他国家，例如荷兰、德国、美国、日本、韩国等都有专业的生产机构（或者大型企业）并开展农业废弃物规模化处理与食用菌工厂化的高效率生产；例如双孢蘑菇的生产在欧美一直是一个变废为宝的环保产业，其产量与质量均处于领先水平。近几年，我国在食用菌工厂化生产与农业废弃物循环利用方面取得了明显成效，尤其在品种选育、栽培基质、高效生产等方面取得了一系列进展，开发了多种农业废弃物循环利用模式与高效栽培食用菌的技术，并研发了一系列工厂化、智能化栽培食用菌的高效设施与技术装备，不仅有效降低了生产者的投入成本与劳动强度，而且在很大程度上提高了规模生产效率与菇农经济效益。

　　长期以来，我国政府积极参与全球应对气候变化的行动，鼓励并支持低碳经济发展。2007年就颁布了《中国应对气候变化国家方案》，并承诺到2030年单位GDP二氧化碳排放量比2005年降低60%～65%。党的十九大报告指出，建设生态文明是中华民族永续发展的千年大计。必须树立和践行绿水青山就是金山银山的理念。全国各地都在加大对生态环境治理资金的投入力度，积极推动低碳经济的转型发展。作为全球碳排量较多的国家之一，中国碳减排压力巨大，任务十分繁重。很显然，农业是支撑我国国民经济发展建设的基础，也是产生温室气体的重要来源之一。目前，农业碳排放量超过总碳排放量占比的16%（金何颖等，2021），实现农业碳减排已成为我国减少温室气体排放的有效途径之一。农业是全球温室气体的主要排放源之一，全球约有1/5的温室气体来自农业排放，如果考虑农业食品链直接和间接用能产生的排放，农业、林业和其他土地用途排放占总排放量的比例约为1/3（马晓龙等，2011）。2019年12月2日，《联合国气候变化框架公约》第25次缔约方大会在西班牙马德里开幕。此次会议以"采取行动的时间"为主题，来自196个国家的代表力求就减排力度、碳市场机制与资金安排等关键问题达成共识。联合国秘书长古特雷斯在会上提出，全球各国要通力合作，力求实现当年二氧化碳排放当年吸收，达到"碳平衡"或者"碳中和"的目标。既保障世界经济发展，又要实现碳减排与碳吸收利用计划。就此则要求各行各业积极行动起来，以科技创新带动并促进碳减排与碳平衡计划实施。应对全球气候变化已经引起世界各国的普遍关注，中国政府积极采取应对策略，并庄严承诺到 2030 年全国二氧化碳排放到达高峰期，并将节能减排作为刚性指标下达给各省（区、市）与各个经济发展行业，明确了中国将实现单位 GDP 二氧化碳减排 40%～45% 的总体目标，任务十分艰巨，需要各行各业共同努力。很显然，食用菌产业的绿色发展，同样也面临着如何实现生产过程"碳中和"与"碳平衡"的目标，深入探讨食用菌产业生产过程二氧化碳排放规律及其整体评估与转化利用技术，不仅具有重要的理论意义，而且具有十分重要的实际应用价值。

第三节　食用菌对农业废弃物的利用

通常认为，可供人们食用的一类大型真菌被称为食用菌。在物质循环的过程中，食用菌在充当物质的还原者角色以外，其对人类又是贡献巨大的次级生产者。实际上，食用菌生产主要是以农作物秸秆、畜禽粪便等农牧产业中废弃物（其包含丰富的纤维素、半纤维素、木质素、蛋白质、多糖等大分子物质）为主要原料，通过菌丝体分泌的水解酶及氧化酶将栽培原料高效降解，最终培育并形成富含高蛋白的食品。其不仅丰富城乡居民的菜篮子，而且有助于乡村生态循环产业发展。

一、利用秸秆废弃物种植食用菌

秸秆废弃物约占农业废弃物的 70%，中国每年都会产生大量的秸秆废弃物，主要以稻草、玉米和小麦秸秆为主，随意焚烧秸秆废弃物会产生温室气体、有害气体等，在大力提倡农业循环经济的前提下，用秸秆废弃物种植食用菌是常见且简单的处理方式之一，秸秆、粪便和混合堆肥发酵作为食用菌栽培的基本材料（金何颖等，2021）。秸秆废弃物的成本低廉，用麦秸和麦粒混合搭配种植平菇，其种植成本更低且收益更快，同时，生姜秸秆也可作为平菇的种植原料。杏鲍菇过去只能用伞形花科植物才可进行种植，随着种植规模不断扩大、种植技术的不断提高，杏鲍菇也可采用棉籽壳进行种植（马晓龙等，2011）。农业废弃物可与粪便、米糠等物质混合提升其营养价值，用这种方式可以生产的草菇，同时也被认定为是较易生产的食用菌之一，且周期短、营养高（Singh et al.，2021），常见的食用菌品种中，也可用秸秆种植的还有平菇、香菇、杏鲍菇、鸡腿菇、白灵菇等。此外秸秆废弃物种植食用菌技术也在不断进行改良，双孢菇是欧美最常见的食用菌品种，在种植过程中也可采用麦秸、玉米秸秆、棉花秸秆等作为原料进行生产，还可以用农作物秸秆种植大球盖菇，利用作物秸秆生料袋种植鸡腿菇，农作物熟料种植金针菇（张保安等，2012）等，总而言之，秸秆废弃物被广泛用于食用菌种植，并且取得相当优秀的成果，大大推动了食用菌产业的经济发展。

二、利用禽畜粪便废弃物种植食用菌

在配置食用菌种植原料时，常常可加入一些禽畜粪便，如牛粪等，这种方式种植出的食用菌往往比单一使用某种原料进行种植更加经济，或者效果更好，但粪便中往往含有各种微生物，因此需要对食用菌菌袋的灭菌进行严格要求。猪粪的营养成分高于羊粪和稻草粉碎物，可以用来栽培毛木耳、平菇、草菇、鸡腿菇、双孢菇等（宋文俊等，2019），鸡粪可以用来种植平菇、茶薪菇等（梁云等，2012），牛粪可与食用菌菌糠结合，促进菌糠堆肥升温，可以用来种植平菇、双孢菇、草菇等（郭夏丽等，2012）。

三、利用其他废弃物种植食用菌

很多食用菌本身在种植过程中，就需要用到一些农业废弃物作为原料。例如，传统的香菇种植需要用到木屑废料为主要原料，再加入麸皮、石膏等作为辅料（丁伟辉，2017），现代的技术不断更新后，香菇慢慢也采用秸秆作为原料。除外，如黑木耳，在自然条件下，一般喜欢雨后生长在枯死的树干、树桩上，工厂化除了种植在树桩上，同样也可以利用木屑作为原料，麸皮、石膏等作为辅料（刘岩岩等，2014）。杏鲍菇也可以利用木屑或者果枝进行种植。

第四节 转化利用模式及成效分析

"菌业循环"转化模式是指利用食用菌作为纽带，链接种植、养殖业，循环利用平时所被遗弃的农业废弃物。通过这个纽带，作物生产副产物（秸秆废弃物等）、动物生产副产物（禽畜粪便）等，被转化成为可供人体食用的各种营养丰富的食用菌，并且菌糠可继续重复利用制成动物饲料，通过动物体转化成为可食用肉类蛋白；也可制成有机肥，节约种植业成本，减少使用的农药，防止农药污染环境。因此，在这个转化模式中，食用菌就起着举足轻重的作用，食用菌行业在促进环境保护、资源重复利用的同时，也能使自身产业得到快速发展。以下是"菌业循环"的几种途径（胡清秀等，2013，2014）。

一、"作物–食用菌"循环转化模式

该转化模式主要是指在种植业与食用菌之间进行循环转化的一种模式，将农业废弃物，如秸秆废弃物、棉籽壳、玉米秸秆等作为食用菌种植过程中的原料，食用菌种植完再将菌糠回收并通过各种方式重新用于种植业使用，也可二次种植食用菌。如湖南省益阳市赫山区泥江口镇水满村利用秸秆种植大球盖菇（梁吉义，2021），每亩食用菌可以消耗 10 亩的秸秆，每年可以生产 4 批食用菌，亩产量 2 t，充分利用被废弃的秸秆，取得了相当可观的收益。

二、"作物–食用菌–畜禽"循环转化模式

该转化模式主要是将农业废弃物，如秸秆废弃物、棉籽壳、玉米秸秆等作为原料种植食用菌，而后将菌糠制成有机肥用于种植业，也可制成动物饲料用于养殖业，产生的禽畜粪便再制成有机肥用于种植业或与秸秆等废弃物继续混合用于食用菌的种植。生产 1 000 t 的食用菌，菌糠通过加工可制得 1 700 t，全部利用的情况下相当于多增收 500 t 玉米（马希景，2003）。通过"作物–食用菌–畜禽"的循环模式，每亩（1 亩 ≈ 666.67 m², 1 hm² = 15 亩，下同）田可增加产值 3 500 元，降低成本 500 元，饲养猪、牛的成本也会降低 100~150 元，同时可以改善土壤肥力，是一种十分优秀的转化模式。

三、"农作物–食用菌–蚯蚓–作物"循环转化模式

该转化模式主要是将农业废弃物，如秸秆废弃物、棉籽壳、玉米秸秆等种植食用菌后产生的菌糠，用蚯蚓消解食用菌菌渣，将菌渣转化为蚯蚓生物蛋白或利用蚯粪生产有机肥后重新返回农田利用。目前对于蚯蚓消解菌渣的研究还较少，但存在

的研究表明用蚯蚓消解菌渣是一种完全可行的方法，但仍需进一步的研究，总体来说具有相当广的应用前景（罗杰等，2020）。

四、"农作物–食用菌–沼气–有机肥料"循环转化模式

该转化模式主要是将农业废弃物作为原料用于食用菌的种植，然后将食用菌菌糠或下脚料等发酵生产沼气，沼气废渣重新利用制成有机肥料再用于农业生产的方法。平均每100 kg原料用于种植食用菌，沼气的产量将增加$8 \sim 10$ m³，并且成本低廉，生物效率高，如以秸秆作为原料生产平菇的方式，100 d内生物效率平均在$85\% \sim 100\%$（裴勇，2017）。

五、"畜禽养殖–沼气–食用菌–作物"循环转化模式

该模式主要是将沼渣、猪粪经处理用于种植食用菌，种植后产生的菌渣与沼渣、猪粪再处理制成有机肥用于农作物，将农业废弃物再用于生猪养殖系统的一种模式。该模式与单纯生猪养殖相比，经济效益提高了1.07倍，同时对环境污染小，促进了经济效益。

第五节　双碳背景下福建食用菌产业面临挑战

一、福建食用菌产业发展概况与生态菌业建设

（一）福建食用菌产业发展概况

福建省属于亚热带湿润季风气候，西北有山脉阻挡寒风，东南有海风调节，使得全省气候温和，雨量充沛；且全省森林面积1亿多亩，森林资源十分丰富，树木种类繁多，森林覆盖率达62.96%，居全国首位。得益于自然条件的优越性，福建省食用菌种植历史悠久，种类丰富。2020年福建省食用菌产量452万t（鲜重）、位居全国第二；出口量17.5万t、出口额4.75亿美元，均位居全国第一，食用菌

产业全产业链总产值 1 180 亿元。福建省选育并驯化的品种有 40 多种，人工栽培的食用菌品种有 50 多个，成规模种植的有 20 多种，且不断对传统主栽品种改良升级，推动食用菌品种优良化。大力推广双孢蘑菇"福蘑"系列、金针菇"农万金"系列、真姬菇"农万真"系列、绣球菌"闽绣 2 号"、银耳"绣银 1 号""Tr2016"等新品种。福建省也是食用菌出口大省，主要出口香菇、金针菇、木耳、银耳、灵芝等食用菌干制品，远销日本、东南亚、欧洲、北美等国家和地区，出口量和出口创汇排名全国第一。

1. 福建省食用菌产业分布情况

福建省食用菌产业区域分布广，且食用菌产业优势基地不断增多，区域布局不断优化，良种繁育不断涌现。目前，福建省 84 个县（市、区）中有 74 个县生产食用菌，产值超亿元的有 35 个，产量达万吨以上的有 33 个。其中产量 10 万 t 以上的有 10 个（建阳区、屏南县、古田县、罗源县、尤溪县、闽清县、漳平市、南靖县、龙海区、芗城区），5 万～10 万 t 的有 4 个（武平县、顺昌县、永春县、仙游县），3 万～5 万 t 的有 8 个（蒲城县、松溪县、周宁县、邵武市、将乐县、延平区、漳浦县、华安县），1 万～3 万 t 的有 11 个。福建省食用菌栽培分布广，但具有明显的聚集效应，即闽南和闽东 2 个聚集区。闽南区以龙海区为聚集中心，周边辐射漳浦县、和平县、南靖县等 8 个县；闽东区以罗源县和古田县为中心，周边辐射顺昌县、闽侯县等 7 个县。

2. 福建省食用菌产业链融合与利益关系

福建省食用菌产业在省政府的统一指引下，依托研究所和高校，以品质提升和价值增长为导向，打造出福建省食用菌产业全面发展的产业链新局面。近年来，福建省食用菌产业发展模式有"公司+农户""公司+研究所/高校+基地+农户""公司+基地+农户""公司+协会""公司+合作社""党员+合作社+农户""公司+基地+合作社（家庭农场）+农户"等。一方面，这些模式有利于解决农民就业难、生活无保障、离家远等一系列民生问题；另一方面，食用菌产业投资小、周期短、见效快，有利于吸引农民创业，发挥自身优势，尽心尽责。此外，在龙头企业的助推下，企业与农民形成了紧密的利益联结机制，带动了农民发家致富。近年来，为了实现乡村振兴战略目标，全国各省逐步兴起、聚集旅游为一体的食用菌综合发展模式，例如：旅游蘑菇小镇、观光蘑菇部落，以及那些集食用菌加工、生产、物流、文化、美食、采摘体验为一体的特色产业园区，成为新时代乡村振兴战略背景下食用菌一二三产融合发展的经济增长新亮点。

基于此，我国应该着力优化一产、深化二产、强化三产，加强食用菌全产业链供给侧结构性改革体系，健全食用菌发展规划和区划，做好食用菌产业发展顶层设计，完善产业政策支持。鼓励通过订单生产、股份合作、村企共建等方式，发挥龙头企业作用，引领带动各类新型农业经营主体共同发展。鼓励龙头企业发展产供销一体化经营模式，做大做强原辅料供应、机械装备制造、菌渣资源化再利用等配套产业，提高带动农户、家庭农场、专业合作社的能力，实现菇农与现代菌业有机衔接，提升食用菌家庭农场、专业合作社专业化、市场化程度。谋划全产业链项目，要抓好特色食用菌优势区，支持龙头企业开拓国际市场，建设食用菌国际贸易高质量发展基地，巩固食用菌鲜品、干品、罐头等出口优势，拓展蘑菇菌丝、药用菌、冻干品、深加工产品等出口市场，推动食用菌产业链延长增加产值。

3. 福建省食用菌品牌建设

福建省依托政府主导，科研单位协助，企业合作，成功举办了中国（古田）食用菌大会和中国（福建）食用菌产业博览会等食用菌相关会展，带动了食用菌企业参加国内外知名农产品展销会，通过对外展销优质食用菌、菌类美食品鉴、食用菌产业发展论坛、食用菌设备等一系列专题活动，彰显福建"中国菌业之都、菇业之窗"的形象和优质食用菌品牌，打造福建省食用菌品牌形象。一方面，着力做强做优古田银耳、顺昌海鲜菇、漳州杏鲍菇、罗源秀珍菇、南靖白背毛木耳、漳州台投区双孢蘑菇、尤溪黑木耳、浦城灵芝等区域公共品牌；另一方面，打造万辰金针菇、如意情金针菇、绿源宝菌杏鲍菇、仙芝楼有机灵芝、神农白雪海鲜菇等知名品牌。

（二）生态菌业建设

食用菌是福建省的特色和优势产业，拥有得天独厚的食用菌资源，栽培品种多样，科技力量雄厚，为福建省生态菌业发展和夯实福建省乡村振兴奠定基础。食用菌是现代生态农业、循环经济、可持续发展产业的一个重要组成部分。众所周知，食用菌通过菌物作用将农、林的废弃物等降解、吸收，并转化为人类需要蛋白质，在自然界的物质转化过程中起着重要作用。正是基于此功能，食用菌正由高速发展向高质量发展挺进，高质量发展最主要的抓手就是生态发展，生态发展是食用菌高质量发展的重要保障，要想实现食用菌生态发展，就要从栽培原料和栽培方式两方面入手。一方面，食用菌栽培原料选择是生态发展的前提。如今，栽培原料正在由单一的"伐木"种菇到林占熺研究员发明的"菌草"种菇以及农业废弃物种菇转变；另一方面，食用菌栽培方式选择是生态发展的引擎。近年来，食用菌产业在发展壮大的同时也伴随着一系列挑战，例如："栽培场地选择、受污菌包处理、菌渣处理、二氧化碳排放、重金属富集"等问题。因此，现在急需加强栽培模式的研究，特别是区域小气候检测、套种模式选择。

推进食用菌产业绿色发展，是福建省生态菌业建设的重点。为此，政府部门还需要强化质量安全宣传与监管，以及技术下乡活动指导菇农落实《食用菌生产用药安全管控技术性指导意见》和《姬松茸、竹荪镉污染风险防控技术指导意见》，引导企业、合作社和农户强化食用菌生产用药安全管控与重金属污染防控，全面开展企业、合作社和农户落实按量保质生产意识，强力推进优质食用菌高标准、专业化、智能化基地建设，特别是主导食用菌品种，杏鲍菇、海鲜菇、金针菇等工厂化主栽品种全面按量保质生产，推动食用菌产品"三品一标"认证数量"裂变式"发展，做到食用菌质量安全追根溯源。生态菌业发展，还需要充分挖掘林下资源，大力发展福建特色优势品种，例如：竹荪、茯苓、灵芝等珍稀食用菌林下栽培，做大做强食用菌林下经济。

二、福建食用菌碳排放研究进展

食用菌是福建省重要的优势特色产业，栽培品种多样，科技力量雄厚，是农业增效农民增收的重要增长点，也是福建省着力打造的千亿产业集群之一。2017 年福建省食用菌达到 276 万 t，产值达到 185.5 亿元（王增洪，2019）。福建省从事与食用菌生产相关行业的人员逾 300 万人，占全省农村劳动力的 32.7%，其中如古田县农村 80% 以上农户从事食用菌产销，直接从业人员达 20 多万人（陈传明，2012），不仅富裕了一批"职业菇农"，而且带动了外贸出口、市场建设、机械制造、交通运输、食品加工、农资生产、饮食旅游和包装设计等相关行业的发展。食用菌是福建省着力打造乡村振兴与助力增收的产业集群之一，其经济性与社会性引起人们高度关注。李旭等（2013）估算了 1978—2010 年福建省 CO_2 排放年均增长率达 8.87%，但是关于食用菌生产过程的碳排放的研究则少见报道。

要实现乡村减排目标，需要对农业碳排放的时空动态变化规律及其驱动因素进行分析，从而为制定合理的农业减排政策以及发展绿色低碳农业提供参考依据。对于福建省重点发展的农业产业之一，有效评估食用菌产业碳排放动态及厘清内在变化规律是十分必要的，一方面可以为食用菌产业持续发展提供理论依据，另一方面也可以为食用菌产业生产过程实施"碳中和"与"碳平衡"计划提供参考。

就碳排放规律研究而言，目前国内外有关农业碳排放测算的研究，主要集中在宏观方面碳排放测算以及特定视角下的农业个案碳排放测算（张晓萱等，2019）。国外有关农业碳排放方面的研究起步相对较早，至今已在农业源温室气体排放机理和决定因素、减排（增汇）技术路径、减排（增汇）激励政策等方面取得了不少成果（Smith et al.，2007）。国内专家分别从国家、省域、县域尺度对中国农业碳排放进行了核算，并进行相关的动态与影响因素分析（田云等，2016；吴贤荣等，2014）。王成己等（2016）对福建省 CH_4 排放进行了估算；王方怡等（2019）对福建省碳排放的时空特征和驱动因素进行了研究。刘良等（2019）研究了农牧结合模式（小型生猪养殖–粪便循环利用）过程中温室气体排放并提出减排措施。目前关于农业碳排放的研究多集中在农田温室气体排放及影响因素，畜牧业温室气体排放时空特点，和不同区域农业碳排放时空动态变化规律及其驱动因素等，基于特定视角下的农业碳排放问题研究，尤其是围绕农业某一产业，对其碳排放量进行测度与分析仍不够深入。就食用菌产业碳排放研究进展而言，Salehi 等用投入产出法计算出伊朗双孢蘑菇生产过程中碳排放（Salehi et al.，2014）。郭家选等（2000）开展了 CO_2 浓度对食用菌生长发育影响的研究。李艳春等（2016）开展了不同 C/N 比对双孢蘑菇培养料发酵过程温室气体排放的影响研究。王义祥等（2015）开展了铺料厚度对双孢蘑菇栽培过程酶活性和 CO_2 排放的影响研究。卢翠香等（2008）进行了食用菌栽培过程中 CO_2 排放测定方法的研究进展，但系统深入与详尽研究食用菌产业碳排放规律与防控技术的研究报道依然偏少。近年来，已有一些学者开展了双孢蘑菇、秀珍菇、灵芝等栽培过程中的碳排放研究（王义祥等，2015；刘凌云等，2019）。但目前尚未检索到食用菌产业生产周期碳足迹与动态变化趋势评估及其阐述内在规律的详尽研究报道。深入开展食用菌产业碳排放规律及其减排潜力与技术对策研究，其根本目的在于3个方面：一是深入了解不同种类食用菌在规模化栽培条件之下 CO_2 数量与变化趋势，系统总结影响 CO_2 排放的环境因子及其防控措施，有效评估食用菌产业 CO_2 排放对菇品生产与生态环境的影响；二是深入研究并优化制定不同食用菌栽培配方并着力提高培养料中碳素转化率，优化调控生产环境条件并有效减少 CO_2 产生，提高资源利用率与污染防控率；三是因势利导地探索食用菌产业生产过程"碳中和"与"碳平衡"的复合生产模式与配套技术，建立集约化绿色生产与有效防控的技术规程（生产标准）；深入的探讨无疑将有助于引导食用菌产业绿色发展与转型升级，其重要意义是不言而喻的。

食用菌产业是福建省重点打造的乡村千亿产业集群之一，人们已经注意到了食用菌产业在为社会提供大量菇类产品与产业经济贡献之时，其在生产过程也排放相当数量 CO_2 的行业特征。如何实现"碳中和"或者"碳平衡"的生产过程管理，是一项乡村产业绿色振兴的重要实践命题。近几年来，福建省食用菌产业绿色生产与转型升级，取得了良好成效，尤其是标准化与智能化生产设施及其装备的推广应用，既促进了集约化生产工艺改革与菇类蛋白生产效率的提高，又促进了农牧生产的废弃物利用率与乡村污染防控率的提高，进而间接减少了食用菌生产过程 CO_2 的排放。与此同时，农业科研单位与相关菇类企业正在深入开展菌业-菜业、菌业-林业、菌业-果业、菌业-茶业等"碳中和"的复合生产模式与生态循环体系优化构建，取得了有效进展与良好成效。要深入开展食用菌产业碳排放规律与影响因素及其减排对策研究，力求为实施行业"碳平衡"或"碳中和"计划提供科学依据。就构建食用菌产业变废为宝与节能减排体系的总体思路而言，重点包括 3 个方面：一是明确福建省食用菌产业碳排放的时空特征与碳利用效率及碳排放强度；二是阐明福建省食用菌产业碳排放的影响因素与基本变化规律及其碳足迹；三是在充分调研与若干品种定点观测研究基础上提出福建食用菌减排对策。其进一步深入地探索与推广应用，优化构建有效转化利用食用菌生产过程产生 CO_2 的体系，不仅有助于促进种植业的绿色生产与高效转化，而且更有助于实现变废为宝与节能减排的双赢目标。

三、食用菌产业碳减排体系构建与对策

（一）优化构建食用菌产业碳减排体系

应对全球气候变化，实施 CO_2 减排计划，这不仅成为各国的共识，更是需要共同促进的行动。中国是食用菌生产的大国，无论是生产品种，还是其生产总量，都位列世界第一位；而福建是食用菌生产的强省，近年来生产量与出口量也都位于全国前列。食用菌高质量发展对乡村产业振兴与农民增收致富具有不可替代的作用。作为以微生物发酵与分解栽培基质而成就的菇类蛋白产业，在获得优质菇类产品的同时，必须关注到其生产过程大量排放 CO_2 的现实状况，如何因地制宜发展低碳食用菌产业，如何因势利导优化创立碳互补模式，无疑是重要的理论探讨与实践应用

的命题。如何优化构建食用菌产业"碳平衡"与"碳中和"体系呢？就具体方法而言，要实行3个结合的逻辑递进方法：一是以宏观调研与微观定点研究相结合，力求提高精准性；二是整体行业及其不同菇类评估相结合，力求提高契合性；三是存在问题分析与发展对策研究相结合，力求提高实用性。要构建食用菌产业"碳平衡"与"碳中和"体系，要在强化与突破3个方面的研究基础上，需要着力构建3个分体系。

1. 深入开展福建省食用菌产业碳排放时空特征分析与研究

广泛收集国内外相关文献资料并深入开展分类研究，重点对福建省食用菌产业碳足迹展开定点现场调研，在此基础上着力构建食用菌产业碳排放模型。

（1）根据相关统计数据和现场考察调研数据，利用构建的碳排放模型，对近10年来福建省食用菌产业碳排放量、碳效率和碳强度进行测算，深入分析其时空特点及发展趋势。

（2）在整体分析福建省食用菌产业碳排放量与碳足迹基础上，对不同品种与不同季节碳排放强度与排放特点进行深入分析，并进行品种之间与季节之间的横向比较，开展发展趋势分析，优化构建福建省食用菌产业碳排放评价分体系。

2. 深入开展福建省食用菌产业碳排放影响因素分析与研究

根据福建省食用菌产业实际情况，将影响食用菌产业碳排放的相关因子进行分解分析，包括内在特性（不同菇类）与外在条件（季节、温度、湿度、基质、环境等）比较分析，构建食用菌产业 LMDI 模型，并对福建省食用菌产业碳排放动态进行量化分析，力求揭示其驱动机制，阐明总体变化规律与影响要素，为制定福建省食用菌碳减排对策提供科学依据，优化构建福建省食用菌产业碳平衡技术分体系。

3. 有效结合食用菌生产进行不同品种定点观测分析与研究

福建省是食用菌产业发展大省，生产品种较多，分布区域较广，生产条件各异，管理水平不同，既有室内生产，又有野外栽培；仅仅依靠到生产企业调研，或者收集文献资料进行宏观评价，似乎对品种繁多与栽培蔬菜复杂的食用菌而言，则难以掌握第一手碳排放及其影响因素的资料与数据。选择1～2个品种进行室内栽培，并开展定点观测，获得较为详尽的数据，进行测算与分析，并与调研数据进行比较与评价。使宏观调研与微观观测密切结合，力求提高碳排放观察与评估的精度，创立智库研究与定点探讨相互补充的新路，优化构建福建省食用菌产业碳中和技术分体系。

（二）福建省食用菌产业减排对策思考

根据国内外食用菌产业发展的特点与趋势，结合生产实际，进行灰色关联的系统分析；梳理福建省食用菌产业碳足迹分布规律、分析碳排放强度与动态变化趋势、结合宏观调研测算与个案观测研究比较结果，因地制宜地提出"十四五"福建省食用菌产业"碳平衡"与"碳中和"的发展规划，系统总结并形成福建省食用菌产业低碳化发展策略和有效减排的技术对策，为政府管理部门提供决策参考，为相关食用菌生产企业绿色发展提供技术对策。其有别于通常的纯技术性研究，需要通过"宏观思维"与"微观技术"相结合的方法，进行分析与评估，注重结合产业绿色发展方向，提出生产系统优化方案与技术对策措施，为福建省食用菌产业可持续发展提供理论依据，为相关政策制定提供参考借鉴，为创立富有福建特色的食用菌高质量发展与乡村产业绿色振兴新路作出贡献。

构建食用菌产业碳排放模型及碳排放影响因素 LMDI 模型是重要的环节。基于现有文献尚未形成关于食用菌农业碳排放测算的统一方法，且福建省食用菌栽培种类较多，栽培模式也差异较大，优化模式需要突破的重点是福建省食用菌产业碳排放的时空特征及影响因素序的梳理。宏观调研分析与微观定点观测结合是关键点之一，同时也是切入点与突破点。进而要充分发挥"宏观思维"与"微观技术"不同学科研究人员的优势，形成有益的合力，力求有效深化排放规律与防控技术的研究。就技术对策而言，重点要把握 4 个主要环节。

1. 优化构建基础研究体系

注重广泛收集并分析菌业发展及其技术研究进展，优化构建产业信息体系。结合省内外食用菌产业发展实际，系统收集省内外食用菌产业发展基本数据与技术研究进展，进行分类梳理与统计，明确近年来食用菌产业发展的成效、产量变化、生产方式、产品去向、存在问题、技术瓶颈、碳源构成、排放强度、基本规律、影响因素等等，建立相对应的资料信息库（专题信息文档），优化构建并强化基础研究平台建设，系统分析专题研究进展与发展趋势。

2. 强化实用技术推广应用

福建省食用菌产业碳排放时空特征分析是重要的环节之一，要优化构建食用菌产业碳排放模型与影响因素分析。食用菌产业碳排放与碳消耗主要来自 2 个方面，一是栽培过程中食用菌呼吸排放，二是为食用菌生产过程中投入电力、水、农药、塑料（菌袋）石灰、石膏等。通过优化构建食用菌产业碳排放计量体系：即碳排放量 $E = \sum E_i = \sum T_i \times K_i$；式中：$E$ 表示福建省食用菌碳排放总量（万 t）；E_i 表示第 i 种食用菌农业碳源的农业碳排放量（万 t），T_i 表示第 i 种食用菌产量（万 t），K_i 为种食用菌的排放系数。T_i 可以通过查阅《福建省统计年鉴》等相关统计资料获得。K_i 包括两部分，食用菌栽培过程中排放系数主要参考实验室测定数据，结合相关文献报道确定；食用菌栽培种投入的电力、塑料等资料由定点调研获取，为深入开展食用菌产业碳足迹计算与量化分析提供科学依据，并着力构建食用菌产业生产过程的"碳平衡"与"碳中和"技术应用体系。

3. 强化精准计量体系建设

在深入开展食用菌产业碳排放时空特征及发展趋势分析基础上，根据近年福建省食用菌产量及构建食用菌不同品种生产过程碳排放，精准计算体系估算出近年福建省食用菌产业碳排放量。按照相关碳换算标准，计算其碳效率及碳强度，分类分析其排放趋势与潜力。通过基准计算与分析比较，客观评价福建省食用菌产业碳排放趋势与强度，为食用菌产业规模定量、配方优化、优化组合、匹配消纳等提供科学依据。通过精准计算与量化分析，因地制宜提出物种匹配模式、实施"碳中和"技术及其过程管理对策。在宏观调研评估与微观定点观测的基础上，评估基于福建省食用菌产业发展的不同碳源足迹与影响效应，进而提出充分并合理利用菇-菜等合理套种栽培的碳中和或者碳互补的优化生产模式与管控技术体系，为发展富有福建特色的菌业-菜业等优化耦合与碳素高效利用的产业提供理论依据及其实践借鉴。

4. 强化综合调控措施应用

在深入开展福建省食用菌产业碳排放影响因素分析基础上，根据 1989 年联合国政府气候变化委员会（IPCC）研讨会上首次提出的 Kaya 恒等式，将其优化拓展与建模，研究并构建 LMDI 模型，定量分析碳排放的驱动因素。要充分考虑农业碳排总量、食用菌产业产值、食用菌从业人口、农业总从业人口等要素的影响与作用。要深入开展宏观调研与微观定点观测之间的比较研究，力求在宏观调查研究的基础上，梳理不同生存品种、不同地域环境、不同生产方式、不同管理方式、不同技术措施等对食用菌产业碳源构成影响，估算福建省食用菌产业碳排放数量。同时开展若干食用菌品种生产过程定点观测，进行评估与校验，为有效评估福建省整个食用菌产业发展过程的碳源排放状况，力求为今后开展菌业-菜业等立体耦合开发过程碳中和模式优化构建，实现农业生产过程碳素优化平衡与低碳发展打下厚实基础。

参考文献

陈传明，2012-10-23. 福建食用菌产业发展分析与转型升级对策建议 ［N］. 中国食品报.

丁宝根，周明，彭永樟，2019. 江西省农业碳排放的测度特征及影响因素 ［J］. 农业与技术 （17）：13-17.

丁伟辉，2017. 香菇高产栽培技术探析 ［J］. 新农业 （3）：30-31.

范灵，王敏，2019. 镇江市农业碳排放影响因素分析 ［J］. 镇江高专学报，32 （3）：31-36.

葛颜祥，王丽娜，诸葛曼乐，2020. 食用菌农户生产与工厂化生产成本收益比较分析：基于山东调研数据 ［J］. 食用菌，42 （2）：4-7.

郭家选，钟阳和，2000. CO_2 浓度对食用菌生长发育影响的研究 ［J］. 生态农业研究，8 （1）：49-52.

郭夏丽，张静晓，王静，等，2012. 菌渣和牛粪联合堆肥中的氮素转化研究 ［J］. 郑州大学学报 （工学版），33 （1）：71-74.

贺国强，魏金康，胡晓艳，等，2022. 我国食用菌产业发展现状及展望 ［J］. 蔬菜 （4）：40-46.

胡清秀，张瑞颖，2013. 菌业循环模式促进农业废弃物资源的高效利用 ［J］. 中国农业资源与区划，34 （6）：113-119.

胡清秀，张瑞颖，2014. 食用菌废弃物再利用的 N 个模式 ［J］. 农家之友 （5）：12-13.

金何颖，徐长乐，杨乐，等，2021. 农业废弃物秸秆高值化利用策略 ［J］. 南方农业，15 （23）：219-220.

李斌，杨帆，2020. 新疆奎屯市禽畜粪便资源化利用分析 ［J］. 中国畜禽种业，16 （10）：42-43.

李琪，胡斌，胡青平，2012. 山西省秸秆类农业固体废弃物综合利用概述 ［J］. 农业科技通讯 （8）：166-169.

李旭，范跃新，钟小剑，等，2013. 1978—2010 年福建省 CO_2 排放及其影响因素 [J]. 亚热带资源与环境学报，8（1）：61-67.

李艳春，黄毅斌，王成己，等，2016. 不同 C/N 比对双孢蘑菇培养料发酵过程温室气体排放的影响 [J]. 农业工程学报，32（增刊 2）：279-284.

梁吉义，2021. 利用农作物秸秆开发食用菌产业发展生态循环农业 [J]. 科学种养（1）：60-62.

梁云，卢玉文，李永明，等，2012. 利用鸡粪栽培茶薪菇技术研究 [J]. 现代农业科技（13）：81-82.

刘良，杨振鸿，2019. 生猪养殖温室气体排放及减排措施 [J]. 畜禽业（9）：11-14.

刘凌云，黄在兴，邢世和，等，2019. 灵芝生长过程中培养料中的碳转化及 CO_2 排放 [J]. 园艺学报，46（10）：2047-2054.

刘岩岩，张敏，宋莹，2014. 北方林下黑木耳栽培技术 [J]. 现代农业科技（2）：130-131.

卢翠香，江枝和，翁伯琦，2008. 食用菌栽培过程中 CO_2 排放测定方法的研究进展 [J]. 福建农业科技（2）：88-90.

罗杰，李艳华，胡佳，等，2020. 食用菌菌渣生物处理与资源化利用研究概况 [J]. 食用菌，42（3）：4-6.

马希景，2003. 利用食用菌提高秸秆转化利用率和饲用价值 [J]. 农业新技术（5）：13-14.

马晓龙，汪志红，吴仁峰，等，2011. 农作物秸秆栽培食用菌的研究进展（综述）[J]. 食药用菌，19（1）：23-27.

裴勇，2017. 食用菌与沼气建设相结合前景展望 [J]. 现代农业（6）：77.

宋文俊，邓海平，石燕，等，2019. 猪粪栽培食用菌研究进展 [J]. 农业与技术，39（11）：24-25.

唐强荣，顾杨杰，丁安强，2021. 农业废弃物回收处置与综合利用体系建设的实践与思考 [J]. 农业技术与装备（12）：100-101，103.

田云，张俊飚，陈池波，2016. 中国低碳农业发展的空间异质性及影响机理研究 [J]. 中国地质大学学报（社会科学版），16（4）：33-34.

王成己，李艳春，刘岑薇，等，2016. 基于 IPCC 方法的福建省农业活动甲烷排放量估算 [J]. 农学学报，6（12）：16-22.

王方怡，洪志猛，康智明，等，2019. 福建省农业碳排放时空变化及其驱动因素 [J]. 福建农业学报，34（1）：124-134.

王义祥，叶菁，肖生美，等，2015. 铺料厚度对双孢蘑菇栽培过程酶活性和 CO_2 排放的影响 [J]. 农业环境科学学报，34（12）：2418-2425.

王增洪，2019. 龙岩市食用菌产业现状与发展对策 [J]. 食用菌，41（4）：8-10.

吴贤荣，张俊飚，田云，等，2014. 中国省域农业碳排放：测算、效率变动及影响因素研究：基于 DEA-Malmquist 指数分解方法与 Tobit 模型运用 [J]. 资源科学，36（1）：129-138.

游容华，2019. 中国食用菌文化的深度发掘与转型探索 [J]. 中国食用菌，38（7）：91-97.

于洁，张博然，李逸波，等，2021. 美国食用菌产业发展报告 [J]. 中国食用菌，40（1）：118-123.

张保安，陈春景，陈书珍，2012. 农作物秸秆栽培食用菌在发展循环农业中的重要作用及技术模式 [J]. 河北农业科学，16（12）：65-71.

张金霞，陈强，黄晨阳，等，2015. 食用菌产业发展历史、现状与趋势 [J]. 菌物学报，34（4）：524-540.

张双燕，任浩，丁文清，等，2022. 农业废弃物稻壳材料化利用研究进展 [J]. 中国农学通报，38（9）：101-108.

张晓萱，秦耀辰，吴乐英，等，2019. 农业温室气体排放研究进展 [J]. 河南大学学报（自然科学版），49（6）：650-662.

赵春艳，刘蓓，侯波，等，2012. 近五年我国食用菌出口情况分析 [J]. 中国食用菌，31（6）：51-61.

CHANG S T, WASSER S P, 2012. The role of culinary-medicinal mushroom on human welfare with a pyramid model for human health [J]. International Journal of Medicinal Mushrooms, 14（2）：95-134.

FAO, 2016. Climate change, agriculture and food security [M]. Roman：Food and Agriculture Organization of the United Nations.

GAO P, HIRANO T, CHEN Z Q, et al., 2011. Isolation and identificationof C-19 fatty acids with anti-tumor activity from the spores ofGanoderma lucidum（reish mushroom）[J]. Fitoterapia, 83（3）：490-499.

IPCC，2007. Climate change 2007：The Fourth Assessment report of the intergovern-mental panel on climate change ［M］. Cambridge：Cambridge University Press.

SALEHI M，EBRAHIMI R，MALEKI A，et al.，2014. An assessment of energy modeling and input costs for greenhouse button mushroom production in Iran ［J］. Journal of Cleaner Production，64（1）：377-383.

SINGH G，ARYA S K，2021. A review on management of rice straw by use of clean-er technologies：Abundant opportunities and expectations for Indian farming ［J］. Journal of Cleaner Production，291.

SMITH P，TRUINES E，2007. Agricultural measures for mitigating climate change：will the barrier prevent any benefit to developing counties ［J］. International Journal of Agricultural Sustainability，4（3）：173-175.

WANG J H，ZHOU Y J，ZHANG M，et al.，2011. Active lipids of Ganoderma lu-cidum spores-induced apoptosis in human leukemia THP-1 cells via MAPK and P13k pathways ［J］. Journal of Ethnopharmacolohy，139（2）：582-589.

第二章

食用菌栽培过程中物质转化的研究进展

食用菌是腐生型的生物，只能从外界的有机体中获得营养，从而转化为自身的物质。碳素物质是食用菌合成碳水化合物和氨基酸的骨架，是维持食用菌生长的重要能量来源。食用菌的碳素营养都是通过生物降解，把植物残体加以降解后利用的。食用菌吸收的碳素物质中用于合成细胞物质的约有 20%，用以产生能量以维持生命活动的约有 80%（倪新江等，2010）。食用菌栽培中，主要以纤维素、半纤维素、淀粉等有机碳化物作为碳素营养，而二氧化碳、碳酸盐等无机盐中的碳素较难利用（李伟平，2007）。氮素物质是食用菌合成蛋白质与核酸的来源。食用菌生长中可以利用的氮源有蛋白质、氨基酸和尿素等，其中氨基酸与尿素可被菌丝直接吸收，蛋白质则需分解成氨基酸后才能被利用（娄隆后等，1984）。无机盐又称矿物质，是食用菌生长过程中不可缺少的营养物质，它在菌体吸收和利用养料时起着关键性的作用（余伟，2001）。磷元素是无机盐当中的一种，是食用菌生长所需的主要元素，也是构成遗传物质所需的元素，在粪、草、木屑等天然培养料中存在一定的含量，其含量基本满足食用菌生长发育的需要，但不同菌类对其需求不同，应根据不同情况适当添加。培养料通常以添加过磷酸钙来补充磷源。目前关于食用菌物质转化的研究主要集中在物料平衡、碳素物质转化特点和相关酶活变化，以及影响因素等方面。

第一节　食用菌培养料物料平衡的研究进展

食用菌是腐生型生物，不具有光合作用，通过降解培养料来供给自身所需的营养物质，因此在栽培过程中，培养料重量会随栽培时间的延长而逐渐下降。同时食用菌又是好气性真菌，会通过菌体的呼吸过程将吸收的 O_2 转化成 CO_2 和 H_2O 的形式排放到环境中去。王玉万等（1989）以木屑-麦麸为基物栽培构菌，培养 62 d 后，基物失重为 8.22 g，其中呼吸作用消耗为 4.22 g，占基物失重的 51.3%。倪新江等（2010）在棉籽壳培养基上培养灵芝、平菇、金针菇等 6 种食用菌研究菌丝生长阶段的呼吸消耗量，发现在菌丝满瓶期灵芝和平菇的呼吸消耗总量最大，分别达到 7.28 g 和 7.38 g 干重，平均每天消耗 0.38 g。呼吸消耗总量最小的刺芹侧耳也有 4.17 g 干重，平均每天消耗 0.15 g。吴学谦等（2002）以节木为基质栽培香菇，其培养基失重为 54.80%～64.89%，其中呼吸消耗占了 47.50%～53.48%。刘作喜（2002）以杂木屑为培养料也得到相似的研究结果。在菌丝生长阶段基物失重实质是菌丝呼吸作用消耗掉的有机物重量。真姬菇在菌丝培养阶段的前 40 天里，基物失重约 1.33 g，在 50～70 d 期间，失重约为 4.41～8.18 g，随着培养时间的延长，基物失重不断增加，在 80～95 d，失重明显增加，最后累计总失重为 14.25～18.59 g（高君辉等，2008），即菌丝阶段呼吸消耗量为 14.25～18.59 g。同一种食用菌在不同培养基或不同配方上的呼吸消耗也有所不同。倪新江等（2001）在棉籽壳培养基和麦草培养基上栽培巴西蘑菇，发现其培养基失重分别为 40.58% 和 38.24%，其中，呼吸消耗分别达到了 35.33% 和 33.83%。以不同比例的羽叶决明替代麦麸栽培金福菇，发现培养料失重率与羽叶决明替代比例呈明显的抛物线关系，而呼吸消耗与羽叶决明替代比例呈明显的线性关系，随着替代比例的增加而增加，他们之间的相关性达到显著水平（$R=0.8743$）（郑浩等，2008）。木屑代料培养基中添加不同含量的米糠和麦麸培养香菇，发现米糠含量越高，菌丝生长的越快，绝对生物学效率越高，呼吸消耗量也越大，而加入麦麸的培养基这 3 个指标都比米糠高（倪新江等，1995）。但是竹文坤等（2008）培养树舌灵芝子实体时发现，随着麦麸添加量的增大，菌丝生长速度减慢，呼吸消耗量也递减，但浓密度增加。美国学者的研究表明，栽种有蘑菇稻草和小麦秸秆的培养基失重达 30.1%～44.3%（Zhang et al.，2002）。以 70%～80% 小麦秸秆、10%～20% 固体废弃物和 10%～20% 小米为平菇培养基发现，培养基失重达 45.8%～56.2%，生物学效率最低仅有 0.78%，最高达 95.8%。不同碳氮比也会影响食用菌的呼吸消耗。钟雪美等（1993）在不同碳氮比的麦草培养料上栽培平菇发现，随着碳氮比的增大，其培养料基物失重幅度增高，呼吸消耗的幅度也增大。由此可知，食用菌在栽培过程中呼吸消耗在基物失重中占有很大的比例，特别是碳素物质，会主要以 CO_2 的形式排放到环境中去。因此，食用菌栽培过程中温室气体的排放量可能是一个非常可观的数字。

但是目前食用菌呼吸消耗主要是通过物料平衡原理，用基物失重及子实体重量推算出来的。而关于食用菌具体呼吸作用的测定以及呼吸规律的研究较少。Derikx（1989）研究发现蘑菇堆料过程中会释放甲烷，并且在前发酵前期内（列堆）甲烷平均产生量为 5.9 mol/（$m^2 \cdot d$）。蒋世懿（1996）在研究香菇菌筒内氧气和二氧化碳浓度时，发现随着代谢活动的增强，氧气浓度逐渐下降，二氧化碳浓度逐渐上升，但两者浓度相加一直保持在 22% 左右。杨婕等（2003）就探明二氧化碳浓度对食用菌生长发育影响的作用机理，测定了灵芝、猴头菇和金针菇菌丝体阶段呼吸速率的动态变化，发现呼吸速率对菌丝生长呈上升趋势，数值因菌种的不同而不同，且呼吸速率最大值出现时间滞后于菌丝日生长速度。

第二节　食用菌栽培过程碳素物质转化规律研究

一、食用菌栽培过程碳素物质转化特点

食用菌栽培中常用农作物的秸秆或皮壳为主料，麸皮、玉米粉、废菌渣等作辅料。主料中菌丝利用分解的主要是植物的细胞壁组织，即由纤维素的纤丝嵌在木质素和半纤维素的不定型基质中组成的。木质纤维素是食用菌子实体生长发育过程中大部分碳素营养的提供源，由纤维素、半纤维素和木质素彼此通过非共价键紧密连接形成。一般情况下，木质纤维素中纤维素含量约为 45%，半纤维素约为 30%，而木质素约为 25%（安格拉泽，2002）。食用菌是自然界中存在的具有分解纤维素、半纤维素和木质素以获取碳源和能量的真菌。不同食用菌菌类的分解能力不同。双孢蘑菇在培养料发酵期间和子实体生长期间，均能降解纤维素、半纤维素和木质素。但是纤维素和半纤维素降解最快的时期出现在出菇阶段，这是由于子实体形成时需要利用纤维素和半纤维素来合成细胞壁，而木质素降解最快的时期是出现在原基形成前，其原因也许是 Wood et al.（1977）认为的蘑菇在营养生长过程中对木质素的需求比较多造成的，或木质素是高等植物主要成分之一，大部分存在植物细胞壁中，占植物细胞壁的 15%～30%，木质素和半纤维素掺合在一起包裹着纤维素，由于木质素包裹着纤维素同时与半纤维素具有共价关系的结构特点，因此在降解过程中，木质素会被优先利用（李晓博等，2009）。这与灵芝（王玉万等，1990a）和香菇（潘迎捷等，1995）等食用菌相似。四孢蘑菇虽然也能降解这 3 种物质，同时降解趋势也与双孢蘑菇一致，即纤维素、半纤维素和木质素含量均随生长期的延长而减少，但是其降解木质素的能力比双孢蘑菇低，说明木质素在四孢蘑菇碳素利用中居次要地位（郭倩等，1998）。而毛木耳在麦麸–木屑培养基上生长 60 d 期间，培养基失重 29%，纤维素减少了 34.41%，半纤维素减少了 40.68%，木质素减少了 60%，说明木质素在毛木耳碳素利用中居主要地位。银耳耳友菌在生长前 10 天主要利用基质中的非木质纤维素，培养前期半纤维素降解的速率大于后期，而纤维素降解速率高峰期是在培养后期，木质素几乎没有被降解（王玉万等，1988）。

二、食用菌栽培过程的碳转化相关酶

木质纤维素并不能被食用菌直接利用，必须通过酶的作用。纤维素是一种超分子结构的高分子（高之仁，1986），需在纤维素酶的作用下降解为纤维二糖，最后水解为葡萄糖，才能被食用菌菌丝所吸收利用（郭立忠等，2002）。研究发现，纤维素酶的活性会影响食用菌增产的潜力大小（宋爱荣，1999）。半纤维素属于异质多糖，由己糖和戊糖组成，在半纤维素酶的作用下降解成木糖和其他单糖类，单糖类能被菌丝直接吸收利用（王宜磊，2000）。在植物的纤维物质中，半纤维素起黏接作用，它的降解可以促进纤维素乃至整个纤维素类物质的降解（赵亚东，2011）。半纤维素酶活性的大小会影响食用菌的生长发育及生物量的大小（兰瑞芳等，2002）。木质素是由对香豆醇、松柏醇、5-羟基松柏醇和芥子醇等4种醇单体组成的一种复杂酚类聚合物。它主要通过微生物代谢中产生的多酚氧化酶将复杂的不溶性聚合物降解转化为水溶性有苯环的简单化合物，苯环会裂解生成简单的有机小分子，最后被菌丝吸收利用。

食用菌胞外纤维素酶主要以羧甲基纤维素酶为主，极少能产生滤纸纤维素酶。木聚糖是半纤维素的主要成分，菌株分泌木聚糖酶能力的高低，在某种程度上反映了菌株对基质中半纤维素的降解能力（高金权等，2005）。而木质素酶主要包括木质素过氧化氢酶、锰过氧化物酶和漆酶，其中漆酶是木质素等大分子物质降解有关的主要酚氧化酶，是一种含铜的多酚氧化酶，在木质素降解中起着重要的作用，它能催化氧化邻苯二酚、对苯二酚、邻苯二铵及对苯二胺类物质（Wood，1980）。同时它对木质素芳香族化合物的分解也有促进作用，能为菌丝提供丰富的营养，一般来说，胞外漆酶的活性越高，菌株分解木质素的能力就越强（赵东海等，2004）。同时漆酶对子实体的形成起一定的调控作用。淀粉酶是淀粉降解过程中重要的催化剂，淀粉通过淀粉酶的作用降解为低聚糖，直接为菌丝吸收。其酶活性的大小与菌丝前期的生长速度有密切关系（李守勉等，2007）。

培养料基质中酶活性的变化和强弱能反映出菌丝生理生化的活跃程度和化学成分的降解特性（杨新美，2001）。测定酶活，了解食用菌在不同生长发育阶段酶活性的产生及其变化规律，有助于阐明基物组分降解的特点，也可为选择适于高产栽培的基物，合理栽培管理和选育优良菌株提供借鉴。平菇在 PDY 培养液里培养，在整个培养期内羧甲基纤维素酶、半纤维素酶、漆酶和淀粉酶等 6 种酶均有活性，其中淀粉酶活性高峰出现最早，说明平菇最早利用的是淀粉类物质，羧甲基纤维素酶、半纤维素酶活性高峰随后出现。而漆酶活性高峰在淀粉酶、纤维素酶和半纤维素酶活性降到较低水平才出现。这与平菇在固体培养基上生长的情况类似，但各种酶的高峰期出现早晚差别很大（王宜磊等，1998）。在金针菇的研究中也有类似的结果（王宜磊，2000）。韩增华等（2007）研究黑木耳 10 个菌株胞外酶活性及栽培性状和产量的关系时，发现胞外漆酶和多酚氧化酶活性变化趋势大致一样，酶活与产量正相关。大部分纤维素酶活性高峰期出现的时间比漆酶和多酚氧化酶的早，并且高峰期越早出现的菌株，菌丝长速较快。用不同培养料栽培食用菌，对酶活性的影响较大，而对酶活性变化的趋势影响较小。倪新江等（2000）在研究棉籽壳和麦草两种不同培养基栽培姬松茸对胞外酶活性的影响时，发现胞外羧甲基纤维素酶、木聚糖酶、淀粉酶等 9 种酶在培养期内均有活性，说明姬松茸有比较完整的胞外纤维素酶系，这与香菇（黄克服等，1985）和木耳（牛福文等，1990）相似。其中羧甲基纤维素酶、木聚糖酶活性的高峰期出现在子实体成熟时，且峰值与低谷的发生与子实体的发育状态呈正相关（刘朝贵等，2006），这在双孢蘑菇（Turner，1975）、香菇（Tokimoto，1987）、侧耳（Wang，1989）、滑菇（王玉万等，1990b）以及玉蕈（王玉万等，1993）的研究中有相似现象，并且倪新江等由此推测子实体生长发育较快的大型真菌可能大都具有这现象。而产生这一现象的原因，可能是在原基形成后，大型真菌的菌丝细胞内储藏的糖原、海藻糖和菌丝体蛋白（Chao，1987）逐渐消耗掉，内源性营养已无法满足子实体迅速生长的需要，因此纤维素酶和半纤维素酶活性的增加可加速对木质纤维素的降解，以满足子实体生长所需的物质和能量。同时有研究发现，如果切除双孢蘑菇、滑菇等菇蕾来阻止其子实体的发育，纤维素酶和蛋白酶的活性一直保持基础水平，所以胞外纤维素酶、半纤维素酶和蛋白酶活性变化与子实体生长发育有关。但是高金权等（2005）在研究金针菇酶活时，并未发现子实体成熟与这几种酶存在明显的相关性。在姬松茸整个栽培过程中，淀粉酶活性的变化趋势与构菌、四孢蘑菇和侧耳等相似，即菌丝生长初期主要以淀粉为碳源，同时在子实体生长发育期会出现小的酶活高峰，这可能是对子实体生长发育期迅速增长时碳源需求的一种补充。总的来说，棉籽壳培养基中的 9 种胞外酶活性要比麦草培养基中的大，但变化趋势大致相似。这与王玉万、倪新江等的研究结果相似。大部分食用菌在栽培期间的酶活变化和木质纤维素系 3 种有机组分（纤维素、半纤维素和木质素）的降解规律是一致的。鸡腿菇生长过程中，漆酶的活性变化与纤维素、半纤维素的降解速率呈正相关（倪新江等，2002）。

红侧耳双核菌株以稻草为基质时，胞外酶活与木质纤维素的降解有一定相关性。纤维素酶和漆酶的活力与纤维素和木质素的降解有较为相似的变化趋势，酶活力达到最大时，木质纤维的降解速率也达到最大。在黑木耳、香菇和双孢蘑菇的研究中得到类似结果。

第三节　影响食用菌物质转化的因素

营养条件和环境条件是影响食用菌生长与物质转化效率的主要因素，其中营养条件包括碳源、氮源、碳氮比、配方、无机盐等。环境条件有光照、温度、湿度、酸碱度、CO_2浓度等（于海龙等，2009）。

一、栽培基质

金福菇在以葡萄糖为碳源的培养基上，菌丝生长速度最快，菌丝洁白致密，生长粗壮有力，前段整齐，长势较旺，因此葡萄糖是金福菇生长的最佳碳源，蔗糖次之，而麦芽糖、淀粉和乳糖做其碳源不理想；同时金福菇在加入酵母膏的氮源的培养基中菌丝生长速度最快，菌丝长势旺盛，因此酵母膏是金福菇生长的最佳氮源，蛋白胨次之，黄豆粉和米糠不宜作为其氮源（陈丽新等，2007）。周永斌等（2010）在研究白灰树花菌丝体最适营养条件时也有相似的研究结果。碳、氮源浓度过高不利于灰树花菌丝的生长，增加培养基中的氮含量有利于菌丝干重的增加。此外，不同的氮营养培养基对杏鲍菇的产量及生物学效率也有较大影响（许至鸣等，2004）。

氮磷是食用菌栽培过程中必需的矿质营养元素，两者之间具有重要的相互作用。蘑菇栽培中加入磷石膏，即氮、磷高效复合肥生产中的副产物，对产量有一定的增加效果，而平菇栽培中加入磷石膏后，产量有明显的增幅（陈正斌等，1988）。以干牛粪、稻草、石膏、石灰、磷肥等为主要原料，双孢蘑菇在含氮量1.3%、石膏含量2%、4%的配方下，生物学效率最高，表明石膏能补充蘑菇生长对硫和钙等营养元素的需要，还可加速堆料中有机质的分解，促进可溶性磷、钾的释放，利于菌丝的吸收利用，从而提高品质，增加产量（孙雷等，2011）。但目前有关食用菌氮磷元素与碳素是否存在相关性方面的研究尚未报道。

以干牛粪、稻草、石膏、石灰、磷肥等为主要原料，在不同含氮量和不同石膏含量的配方下，研究双孢蘑菇菌丝生长速度、生物学效率等，结果表明，双孢蘑菇在含氮量1.3%、石膏含量4%的配方下，菌丝生长速度和现蕾时间最快，产量也最高。竹文坤等（2010）以木屑为主要原料，添加不同量的麸皮来调整配方，研究树舌灵芝菌丝生长速度、子实体形成情况、产量和物料消耗的变化情况，结果显示，在10种麸皮添加量的配方中，以麸皮添加量为5%的树舌灵芝子实体干重产量最高，物料有效的利用率也最高；添加量为10%时，子实体单个产量最高；添加量超过30%时，不出菇。由此可知，树舌灵芝木屑培养基中麸皮最佳添加量为5%～10%。

二、碳氮比

不同碳氮比对食用菌的发育也有一定影响。猴头菇在碳氮比（23∶1）～（53∶1）的培养料上均能长出菌丝，且都能形成子实体，但差异较大。在碳氮比为（28∶1）～（38∶1）的培养料上菌丝生长最好，菌丝生长速度不仅快，且菌丝洁白浓密。而其他处理的菌丝则生长缓慢，稀疏，颜色发乌（冯改静等，2007）。赵秀芳（2005）对姬松茸菌丝的研究也有相似的结果。碳氮比不仅会影响食用菌在菌丝阶段菌丝体的长速和质量，还会对子实体原基形成的时间、数量以及品质等产生影响。碳氮比过低，即氮含量过高，子实体形成时间会被推迟，同时大量氮源在培养料分解过程中释放出到周围环境中，导致杂菌污染，产量降低，从而影响经济效益。研究发现，毛木耳培养料的碳氮比能直接影响其干耳的产量，当碳氮比较低时，产量较低，随着碳氮比的增加，干耳重量与之呈对数关系增加，但产量增加幅度比较缓慢。碳氮比大于60∶1时，毛木耳的绝对生物学效率可超过20%（贺新生等，1998），接近90∶1时，产量仍可保持较高水平，但小于50∶1时，其子实体产量很难达到20%。这说明，碳氮比对食用菌的产量有着极为重要的影响作用。

三、光照

光照是食用菌生长发育过程中一个不可忽略的因素。食用菌在不同生长阶段对光照强度和光质要求有所不同。光照既可刺激食用菌的发育，也能抑制其发育（Murao，1971）。真菌即使接受的光照较少，也会影响其在黑暗环境中的发育，即真菌对光照具有"记忆功能"。食用菌生长发育过程中光照的机理主要是诱导作用（刘明月等，1997），适量的紫外光和蓝光能促进子实体的形成。一般认为食用菌在菌丝生长阶段不需要光照诱导，而在向生殖生长阶段转变时需要适量的光诱导。此外，光照的强度会影响食用菌菌丝生长、出菇、产量、菇形态特征和色泽等（张桂香等，1999）。

四、温度

大部分食用菌菌丝生长阶段所需的温度基本接近，而在生殖生长阶段所需的温度差异较大。温度的高低主要影响食用菌菌丝的生长速度和子实体的分化数量和质量。国内外学者以杏鲍菇（王瑞娟，2007）、大球盖菇（张世敏等，2005）和白灵菇（姚太梅等，2008）等为研究对象，通过比较不同温度下菌丝生长的差异，得出菌丝生长的最适温度。在不同温度下，菌丝生长的差异反映了菌丝内的细胞在不同温度下的生长分裂速度，同时也间接反映了菌丝代谢酶活的高低。大部分食用菌在菌丝生长阶段保持恒温有利于菌丝持续生长和营养物质的积累，而向生殖生长阶段转化时需要一定温差刺激，此结论在香菇（冯志勇等，2004）和秀珍菇（李建麟，2006）等品种中得到证实。子实体生长阶段高温有利于生长周期的缩短，却会导致污染率增加、产量降低、品质下降，因此应选择比最快生长温度稍低的温度来进行栽培（Noble，1991）。

五、含水量

培养料的含水量是食用菌生长过程中所需水分的主要来源，但空气中的相对湿度对子实体原基的形成及菇体表面的蒸腾速率等也会产生影响，从而影响食用菌的生长发育（郭美英，2006）。食用菌生长中所需空气中的相对湿度大小与培养料中的含水量有关。培养料中含水量高时，食用菌可通过培养料水分的蒸发和菌丝的呼吸和蒸腾作用来增加空气中的相对湿度，使其在相对湿度较低的环境也能正常生长；反之，培养料中含水量较低时，培养料水分的蒸发和菌丝的呼吸和蒸腾作用会受到限制，从而影响食用菌的生长发育，这在香菇（Mstsumoto，1988）、长根菇（李建宗，2001）、真姬菇（高君辉等，2008）的研究中有过相似结论。同时也有学者认为，空气相对湿度升高会引起原基数目增加，也会导致病虫害发生几率增加

（彭金腾，1993）。

六、pH 值

不同食用菌在菌丝阶段和子实体阶段均有一定 pH 值范围。这是因为不同食用菌在不同生长阶段中，起主导作用的酶有所不同，而每一种酶都有其最适 pH 值，pH 值过高或过低都会影响酶的活力，甚至导致新陈代谢的减慢或停止。有报道指出，木腐类食用菌和草腐类食用菌分别在偏酸的条件下、偏碱的条件下菌丝生长速度较快，这与食用菌生长发育过程中起主要作用的酶的差异有关（郑永标等，2001）。在一定的 pH 范围内，鸡腿菇的现蕾时间和采收时间随着 pH 值的增加而呈缩短的趋势（李振海，2007）。细胞膜的通透性也会受 pH 值的影响，细胞对阳离子的吸收在低 pH 值条件下会受阻；而对阴离子的吸收在高 pH 值条件下会受阻。

七、空气 CO_2 浓度

CO_2 浓度（用百分比表示的体积浓度，下同）是影响食用菌生长的一个重要生态因子。有学者认为双孢蘑菇菌丝阶段 CO_2 浓度为 0.6%～0.7%时，其产量才会好（Long，1969）；菌丝体在 2%的 CO_2 浓度下生长显著减慢；菌丝体生长量在 10%的 CO_2 浓度下，只有在正常空气中生长量的 40%；菌丝体在 32%的 CO_2 浓度下会停止生长，说明适宜的 CO_2 浓度能刺激菌丝体的生长。同时同属不同种的食用菌菌类在菌丝生长阶段对 CO_2 浓度的敏感性也不同，"美味侧耳"对 CO_2 浓度的敏感性高于"金顶侧耳"。适宜的 CO_2 浓度也是促进菌丝体向子实体生长阶段生理质变的必要因素之一，过高或过低的 CO_2 浓度都会抑制子实体原基的形成。栽培双孢蘑菇时，覆土层中 CO_2 浓度积累控制着子实体原基的形成，其最适范围是 0.03%～0.1%，当超过 0.2%～0.3%时，覆土层中较深部分的小菇蕾常会死掉。研究表明，食用菌生产中 CO_2 浓度会影响子实体的形态（冯志勇等，2000），在高 CO_2 浓度下，大部分食用菌的子实体的菌盖会变小，菌柄徒长，但两者间的相互关系还有待研究。食用菌不同生长阶段对 CO_2 浓度的敏感性也有很大差异，总的来说，其顺序是子实体发育阶段＞子实体原基形成阶段＞菌丝阶段。综上，目前食用菌的研究多侧重于食用菌栽培的具体技术、代用料的选择及影响因素对物质转化的影响，而对不同食用菌碳素物质转化及温室气体排放特征的研究尚不多见。

应对全球气候变化，优化发展低碳产业，是一个重要的理论与实践命题。农业产业减排的任务十分繁重。以食用菌产业作为突破口，阐明碳排放动态变化与内在规律，提出防控食用菌产业碳源扩展与碳素耦合利用的模式，将是一个重要的发展方向，创立富有福建乃至中国特色的低碳排放与循环利用的食用菌产业高质量发展模式，其经济-社会-生态复合效益是显而易见的。从食用菌产业的碳素排放评估与高效循环利用有机结合入手，开展应对全球气候变化的产业经济学研究，重要的目的在于变废为宝与变害为利，其研究的成果，必将有助于食用菌龙头企业开发专用设施与生产设备，有助于食用菌专业大户拓展立体栽培与经营模式，为农业低碳耦合产业高质量开发提供理论依据与实践借鉴。

参考文献

安格拉泽，二介堂弘，2002. 微生物技术—应用微生物学基础原理［M］. 陈守文，俞子牛，等，译. 北京：科学出版社：2.

陈丽新，陈振妮，王灿琴，等，2007. 碳源、氮源对金福菇菌丝生长发育的影响［J］. 北方园艺（9）：224-225.

陈正斌，秦毓芬，沈洁，1988. 蘑菇、平菇栽培料使用磷石膏试验初报［J］. 中国食用菌（4）：22-23.

村尾泽夫，1985. 促进诱导子实体形成的物质［J］. 国外食用菌（3）：33-36.

董红敏，李玉娥，陶秀萍，等，2008. 中国农业源温室气体排放与减排技术对策［J］. 农业工程学报，24（10）：269-273.

冯改静，李守勉，李明，等，2007. 不同碳氮比栽培料对猴头菌菌丝及子实体生长的影响［J］. 华北农学报，22（增刊）：131-135.

冯志勇，潘迎捷，陈杰明，等，2000. 香菇生育生理研究进展［J］. 食用菌学报，7（4）：53-60.

冯志勇，潘迎捷，程继红，等，2004. 低温胁迫对香菇转色和原基形成的影响［J］. 中国食用菌，22（4）：20-22.

冯志勇，王志强，郭力刚，等，2003. 秀珍菇生物学特性研究［J］. 食用菌学报，10（3）：11-16.

高金权，刘朝贵，李成琼，2005. 稻草秸秆栽培金针菇基质降解特性研究［J］.

中国农学通报, 21 (12): 260-264.

高君辉, 冯志勇, 陈辉, 2008. 真姬菇培养时间与栽培料失重、含水量和产量的关系 [J]. 食用菌学报, 15 (3): 23-26.

高淑敏, 2010. 青海夏秋季双孢蘑菇生产不同用料量对产量影响的研究 [J]. 青海农林科技, 3: 5-7.

高之仁, 1986. 数量遗传学 [M]. 成都: 四川大学出版社: 236.

管道平, 2004. 环境胁迫下部分食用菌菌丝酶活性变化的研究 [D]. 福州: 福建农林大学.

郭家选, 钟阳和, 张淑霞, 2000. CO_2 浓度对食用菌生长发育影响的研究进展 [J]. 生态农业研究, 8 (1): 49-52.

郭立忠, 郭华, 李维峰, 2002. 七个巴西蘑菇菌株胞外酶活性的测定与分析 [J]. 莱阳农学院学报, 19 (3): 210-212.

郭美英, 2006. 杏鲍菇栽培技术 [J]. 食用菌 (5): 66-68.

郭倩, 何庆邦, 1998. 四孢蘑菇生长过程中四种胞外酶活性和木质纤维素降解的变化规律 [J]. 食用菌学报, 5 (2): 13-17.

郭树凡, 魏杰, 李辉, 2006. 杏鲍菇菌丝生长条件的研究 [J]. 辽宁大学学报, 33 (2): 118-120.

韩增华, 张丕奇, 孔祥辉, 2007. 黑木耳胞外酶活变化与栽培性状比较的研究 [J]. 食用菌学报, 14 (4): 41-46.

何莉莉, 韩丽蓉, 杨延杰, 2005. 温度和光照对鲍鱼菇子实体生长发育的影响 [J]. 中国蔬菜 (12): 24-26.

贺新生, 侯大彬, 王光礼, 1998. 培养料碳氮比和含氮量对毛木耳生长发育的影响 [J]. 食用菌学报, 5 (1): 33-38.

侯爱新, 陈冠雄, 1998. 不同种类氮肥对土壤释放 N_2O 的影响 [J]. 应用生态学报, 9 (2): 176-180.

黄建成, 刘成荣, 林虹, 2007. 白金针菇工厂化生产工艺研究 [J]. 福建农业学报, 22 (4): 393-396.

黄克服, 刘月英, 郑忠辉, 等, 1985. 香菇栽培过程蔗渣培养基主要组分的降解和有关酶活的变化 [J]. 厦门大学学报, 24 (3): 379-386.

黄毅, 2007. 食用菌栽培 (第三版) [M]. 北京: 高等教育出版社.

蒋世懿, 1996. 香菇菌筒内二氧化碳和氧浓度的变化 [J]. 浙江食用菌 (4): 5.

兰瑞芳，林少琴，林玉满，2002. 杏鲍菇漆酶的生物学特性 [J]. 食用菌学报，9（2）：14-16.

李建麟，2006. 秀珍菇温差刺激法大棚栽培技术 [J]. 福建热作科技，31（4）：32-33.

李建宗，2001. 温湿度对长根菇生长发育的影响 [J]. 湖南师范大学自然科学学报，24（3）：75-77.

李楠，陈冠雄，1993. 植物释放 N_2O 速率及施肥的影响 [J]. 应用生态学报，4（3）：295-298.

李蕤，吴克，骆军，等，2002. 金针菇固体培养几种胞外酶活力变化的研究 [J]. 中国食用菌，21（1）：12-14.

李守勉，李明，田景花，等，2007. 八个杏鲍菇菌株胞外酶活性及蛋白质含量的研究比较 [J]. 食用菌（6）：11-12.

李田春，王玉万，王云，1992. 糙皮侧耳对玉米秸的降解利用 [J]. 中国食用菌，11（2）：8-10.

李伟平，2007. 碳氮营养对秀珍菇生长发育及胞外酶活性的影响 [D]. 保定：河北农业大学：1-44.

李晓博，李晓，李玉，2009. 双孢蘑菇生产中木质素、纤维素和半纤维素的降解及利用研究 [J]. 食用菌（2）：6-10.

李振海，2007. 鸡腿菇工厂化栽培一些相关工艺探索 [D]. 福州：福建农林大学.

李志超，杨姗姗，1997. 食药用菌生产与消费指南 [M]. 北京：中国农业出版社.

刘朝贵，高金权，李成琼，2006. 糙皮侧耳（*Pleurotus ostreatus*）降解转化稻草秸秆研究 [J]. 西南农业大学学报（自然科学版），28（2）：258-263.

刘君昂，李琳，周国英，2007. 双孢蘑菇的研究现状及其在湖南地区的发展前景 [J]. 安徽农业科学，35（5）：1346-1347.

刘明月，何长征，谭金莲，等，1997. 光质对金针菇子实体生长发育的影响 [J]. 中国食用菌，16（6）：11-13.

刘作喜，2002. 杂木屑培养料中辅料的含量对香菇影响的研究 [J]. 中国食用菌，16（3）：7-9.

娄隆后，朱慧真，周壁华，1984. 食用菌生物学及栽培技术 [M]. 北京：中国林业出版社：11.

卢翠香，2009. 豆科牧草羽叶决明 *Chamaecrasta+nictitans* 代料栽培鸡腿菇 *Coprinus+comatu* 研究 ［D］. 福州：福建农林大学：1-82.

芦笛，2009. 双孢蘑菇的培养与生物化学的研究进展（综述）［J］. 浙江食用菌，17（2）：23-28.

陆师义，梁枝荣，1985. 食用菌与生态循环［J］. 食用菌（4）：30-31.

倪新江，丁立孝，潘迎捷，等，2000. 姬松茸在两种培养基上生长期间九种胞外酶活性变化［J］. 菌物系统，20（2）：222-227.

倪新江，冯志勇，梁丽琨，等，2002. 鸡腿菇对棉籽壳的降解与转化［J］. 微生物学通报，29（2）：1-4.

倪新江，李洁，初洋，等，2010. 菌丝生长速度与呼吸消耗及胞外酶活性的关系［J］. 中国食用菌，29（6）：47-48.

倪新江，梁丽琨，丁立孝，等，2001. 巴西蘑菇对木质纤维素的降解与转化［J］. 菌物系统，20（4）：526-530.

倪新江，潘迎捷，冯志勇，等，1995. 木屑培养基中辅料的种类和含量对香菇生长发育的影响［J］. 食用菌学报，2（3）：6-10.

倪新江，潘迎捷，冯志勇，等，1995. 香菇生长过程中几种胞外酶活性的变化［J］. 食用菌学报，2（4）：22-27.

牛福文，印桂玲，刘保增，1990. 黑木耳栽培期间两种培养基主要组分的降解和有关酶活的变化［J］. 微生物学通报，17（4）：201-204.

潘迎捷，倪新江，李人圭，1995. 香菇生长过程中木质纤维素的生物降解规律［J］. 食用菌学报，2（2）：18-22.

彭金腾，1993. 杏鲍菇栽培基质再利用之研究［J］. 中华农业研究，54（4）：235-244.

裘娟平，孙培龙，朱家荣，等，2000. 灰树花深层发酵培养基的研究［J］. 微生物学通报，27（4）：275-278.

史雅静，王云，王玉万，1989. 毛木耳降解木质纤维素的研究［J］. 微生物学杂志，9（2）：41-43.

宋爱荣，郭立忠，1999. 七个白色金针菇菌株发酵液中四种胞外酶活性的测定与分析［J］. 中国食用菌，18（4）：31-34.

孙雷，张海峰，倪淑君，等，2011. 不同配方培养料对双孢蘑菇产量的影响

［J］. 中国瓜菜，24（3）：19-22.

万鲁长，2003. 阿魏蘑与杏鲍菇高产优质栽培模式研究［J］. 食用菌学报，10（2）：40-44.

王桂芹，陈寿成，2007. 白灵菇菌丝生长条件的研究［J］. 中国食用菌，26（2）：37-40.

王兰青，2007. 平菇液体菌种固化技术研究［D］. 郑州：河南农业大学：1-55.

王瑞娟，2007. 杏鲍菇工厂化栽培和相关特性研究［D］. 重庆：西南大学.

王硕，杨淑惠，孟金贵，2012. 双孢蘑菇覆土材料对比试验［J］. 北方园艺（2）：176-177.

王宜磊，2000. 侧耳液体培养特性及胞外酶活性研究［J］. 中国食用菌，19（4）：33-35.

王宜磊，邓振勋，1998. 糙皮侧耳多糖分解酶和木质素酶活性研究［J］. 食用菌（5）：7-8.

王玉万，潘贞德，李秀玉，1993. 玉蕈降解木质纤维的生理生化基础［J］. 真菌学报，12（3）：219-225.

王玉万，王云，1988. 银耳耳友菌降解木质纤维素的研究［J］. 生态学杂志，7（4）：14-16.

王玉万，王云，1989. 构菌栽培过程中对木质纤维素的降解和几种多糖分解酶活性的变化［J］. 微生物学通报（3）：137-140.

王玉万，王云，1990a. 灵芝及其同属的几个种的营养生理研究［J］. 中国食用菌，5（5）：7-10.

王玉万，王云，1990. 滑菇营养生理研究［J］. 微生物学通报，17（6）：321-323.

吴学谦，汪奎宏，朱光权，等，2002. 香菇节木栽培基质生物降解规律的研究［J］. 中国食用菌，21（4）：13-16.

肖光辉，1994. 香菇大分子碳源代谢的研究［J］. 食用菌学报，1（1）：31-35.

许广波，傅伟杰，魏铁铮，2001. 双孢蘑菇的栽培现状及其研究进展［J］. 延边大学农学学报，23（1）：69-72.

许至鸣，顾新伟，魏海龙，等，2004. 不同氮源对杏鲍菇菌丝体生长及子实体产量的影响［J］. 浙江农业科学（4）：196-197.

闫静，周祖法，龚佩珍，等，2011. 不同覆土材料对双孢蘑菇菌丝爬土的影响

［J］. 北方园艺（17）：181-182.

杨婕，钟阳和，2003. 担子菌菌丝呼吸速率变化规律的研究［J］. 中国生态农业学报，11（4）：43-46.

杨佩玉，郑时利，林新坚，等，1990. 不同层次发酵料的微生物群落与草菇产量关系的探讨［J］. 中国食用菌，9（4）：19-20.

杨庆尧，1981. 食用菌生物学基础［M］. 上海：上海科学技术出版社.

杨新美，2001. 中国菌物学传承和开拓［M］. 北京：中国农业出版社：9.

姚太梅，李明，李守勉，等，2008. 温度和 pH 值对白灵菇菌丝生长的影响［J］. 安徽农业科学，36（4）：1414-1416.

于海龙，郭倩，杨娟，等，2009. 环境因子对食用菌生长发育影响的研究进展［J］. 上海农业学报，25（3）：100-104.

余伟，2001. 无机盐在食用菌生产上的应用［J］. 农家之友（10）：20-21.

曾广宇，周国英，2007. 双孢蘑菇堆肥发酵研究现状［J］. 北方园艺（12）：237-239.

张福元，马琴，2006. 酵素发酵和二次发酵玉米秸秆料对双孢蘑菇生育影响的研究［J］. 中国食用菌，25（3）：53-55.

张桂香，李彬，1999. 日光温室内不同光照强度对食用菌生长发育的影响［J］. 甘肃农业大学学报，34（3）：291-295.

张金霞，黄晨阳，郑素月，2005. 平菇新品种：秀珍菇的特征特性［J］. 中国食用菌，24（4）：24-25.

张世敏，和晶亮，邱立友，等，2005. 不同碳氮营养源和培养温度对大球盖菇菌丝生长的影响［J］. 微生物学杂志，25（6）：32-34.

赵东海，张建平，侯菊花，2004. 蘑菇中多酚氧化酶的酶学特性研究［J］. 食品与机械，4（5）：12-14.

赵秀芳，2005. 姬松茸菌丝对不同碳氮源利用的研究［J］. 中国食用菌，24（1）：12-14.

赵亚东，2011. 不同培养料对秀珍菇生长发育、产量及胞外酶的影响［D］. 南京：南京农业大学：1-62.

郑浩，翁伯琦，江枝和，等，2008. 羽叶决明代料栽培金福菇的研究［J］. 食用菌学报，15（3）：18-22.

郑永标，江枝和，雷锦桂，等，2001. 培养料 pH 对真姬菇生长的影响［J］. 食用菌（5）：9-10.

钟雪美，刘志宏，黄录焕，等，1992. 培养料对平菇呼吸、生长及产量影响的研究 [J]. 中国食用菌，11（3）：3-6.

钟雪美，屈亮，王本成，1993. 平菇对不同碳氮比麦草培养料主要组分的降解研究 [J]. 微生物学杂志，13（1）：21-25.

周永斌，张志军，刘连强，等，2010. 白灰树花菌丝体最适营养生长条件的研究 [J]. 中国食用菌，29（6）：26-27.

朱教君，许美玲，康宏樟，2005. 温度、pH 及干旱胁迫对沙地樟子松外生菌根菌生长影响 [J]. 生态学杂志，24（12）：1375-1379.

竹文坤，段涛，蒋成，2010. 红侧耳双核菌株降解稻草木质纤维素研究 [J]. 西北农林科技大学学报（自然科学版），38（8）：204-210.

竹文坤，贺新生，苏艳秋，2008. 不同配方培养基对树舌灵芝子实体培养的影响 [J]. 食用菌（3）：30-32.

BADBAM E R，1980. The effect of light upon basidiocarp inhibition in Psilocybe cubensis [J]. Mycologia，72：136-142.

CHANG，S T，1980. Mushroom production in southeast Asia，Newslett，Mushroom [J]. Tropics，1（2）：18-40.

CHAO E E，GRUEN H E，1987. Intracellular activity of mycelial proteinases during fruit-body development in Flammulina velutipes [J]. Can J Bot，65：518-525.

CLAYDON N，ALLARM，WOOD D A，1988. Fruitbody biomass regulated production of extracellular endocellulase during periodic fruiting by Agaricus bisporus [J]. Trans BrMycoi Sci，90（1）：85-90.

DERIKX P J L，H J M OP DEN CAMP，W P G M. BOSCH，et al.，1989. Production of methane during preparation of Mushroon compost [J]. Mushroom Science：353-360.

HAMMOND J B W，1985. The biochemistry of Agaricus fructification//Development Biology of Higher Fungi Cambridge [M]. U K：Cambridge Press：389-401.

IPCC，2000. Good practice guidance and uncertainty management in National Greenhouse Gas Inventories [M]. Chapter 4. IPCC National Greenhouse Gas Inventories Program Technical Support Unit，Kanagawa，Japan.

LONG P E，JACBOS L，1969. Some observation on CO_2 and sporophore initiation in the cultivatioin mushroom [J]. Mushroom Science, 7: 373-384.

MATSUMOTO T, 1988. Changes in the activities of carbohydrases, phosphorylase, proteinases and phenol oxidases during fruiting of Lentinus edodes in sawdust cultures [J]. Rept Tottori Mycol Inst, 26: 46-54.

MSTSUMOTO T, 1988. Effect of immersion of sawdust substrate in water on formation of Lentinula edodes Trans [J]. Mycol Soc. Japan (29): 265-270.

MURAO S, SATOI S, 1971. Studies on pepsin inhibitor (S-PI) from Streptomyces naniniwaensis [J]. Agricultural and Biological Chemistry, 35: 1477-1487.

NOBLE R, 1991. Manipulation of temperature at controlled CO_2 level to synchronise the flushing pattern of the mushroom Agarcus bisporus [J]. Scicentia horticulturae, 11: 177-184.

ODANI S, TOMINAGA K, KONDOU S, et al., 1999. Theinhibitory properties and primary structure of a novel serine proteinase inhibitor from the truiting body of the basidiomycete lentinula edodes [J]. European Journal of Biochemistry, 262 (3): 915-923.

OMOANGHE S, 2009. Isikhuemhen, Nona A. Mikiashvilli, 2009. Lignocellulolytic enzyme activity, substrate utilization, and mushroom yield by Pleurotus ostreatus cultivated on substrate containing anaerobic digester solids [J]. Microbiol Biotechnol, 36: 1353-1362.

RUIHONG ZHANG, XIUJIN LI, FADEL J G, 2002. Oyster mushroom cultivation with rice and wheat straw [J]. Bioresource Technology, 82 (3): 277-284.

TOKIMOTO K, FUKUDA M, KISHIMOTO H, et al., 1987. Activities of enzymes in bedlogs of Lentimus edodes during fruitbady development [J]. Rept Tottori Mycol Inst, 25: 24-35.

TURNER E M, WRINGHT M, WARD T, et al., 1975. Production of ethylene and other volatiles and changes in cellulose and laccase during the life cycle of the cultivated mushroom Agaricus biosporus [J]. J. Gen. Mictobiol, 91: 167-176.

WANG Y W, WANG Y, 1989. Relation of fructification of Pleurotus florida with activities of its extracellular cellulose [R]. Proceedings of the Internationl Symposium on Mushroom Biotechnology, Nanjing, China: 231-235.

WOOD D A, 1980. In activation of extracellular laccse Agaricus bisporus during fruiting［J］. J. Gen. Mictobiol，117：339-345.

WOOD D A，1980. Production and properties of extracellular laccse of Agaricus Bisporus［J］. Journal of General Microbiology，117：327-338.

WOOD D A，GOOD ENOUGH P W，1977. Fruiting of Agaricus bisporus changes of extracellular enzyme activities during growth and fruiting［J］. Arch. Microbio，144：161-165.

ZAKANY J，CHIHARA G，FACHET J，1980. Effect of lentinan on tumor growth in murine allogeneic and syngenic bost［J］. Int J Cancer，25：317-376.

第三章

草腐性食用菌栽培过程物质转化规律研究

第一节　草腐性食用菌的生长特性

草腐菌是以吸收作物秸秆等腐草为原料的一类食用菌，如稻草、玉米芯等。草腐菌在生长过程中，靠其自身分解有机物从而获取所需的营养，常见的草腐菌有双孢蘑菇、草菇、鸡腿菇等（李晓等，2009）。

草腐菌一般在 28 ℃以下即可播种菌种，保持棚温在 20～25 ℃，草腐菌作为一种发酵型的食用菌，培养生长过程中温度超过 30 ℃很可能出现高温烧菌，易受到病虫害污染，培养料中存在氨气也可能导致菌丝无法生长（吴应淼，2007）。利用禽畜粪便与玉米秸秆种植草腐菌是一种常见的栽培方式，此外也可应用水稻、小麦、油菜秸秆作为主要秸秆原料（李毓茜，2016；Yang et al.，2022），草腐性食用菌能实现农村资源的循环利用与多级利用，进而促进产业链的增值与增产，有效提高农户收入，同时保护生态环境。以下是一些常见草腐菌的生长特性。

一、草菇的生长特性

草菇是一种常见草腐菌，属于高温型真菌，耐高温性较好，在温度适宜的条件下种植最快十几天即可收获（Sakinah et al.，2019），稻草和基质中的含水量应控制在 65%左右，最适温度在 30～32 ℃，草菇的孢子萌发及菌丝生长不需要光照，但子实体的形成则需要一定的光照，光照能够调控纤维素酶的转录水平和纤维素酶的表达，不同光质会影响菌丝及子实体的生长速度，缺少光照使得子实体难以形成，因此在子实体形成过程中易出现死菇，此外添加柠檬酸钠可以促进菌丝的生长速度（林金盛等，2019；余会康，2004）。

二、双孢蘑菇生长特性

双孢蘑菇通常生长在富含碳和氮的基质上，如堆肥的谷物秸秆和动物粪便，野生环境中双孢蘑菇常作为落叶的腐蚀者。在菌丝生长过程中，木质素被降解生成子实体形成过程中所需的碳水化合物（余昌霞，2021），双孢蘑菇属于稳温结实性的菌类，在菌丝生长阶段的最适温度是 25 ℃，至出菇阶段温度需要降至 16～17 ℃，超过 35 ℃及低于 15 ℃几乎无法生长，双孢蘑菇菌丝在黑光和自然光下均可生长，在黑暗条件下的生长速度要稍优于自然光条件下，硒元素会影响双孢蘑菇菌丝的生长，以低浓度（＜20 mg/L）的硒元素处理双孢蘑菇气生菌丝，蘑菇菌丝体生长受到促进，密度最高，菌丝体数量最多，但随着硒浓度的增加，硒会抑制菌丝体的生长（Kabel et al.，2017；王倩等，2021；汪茜等，2012；潘亚璐，2013）。

三、鸡腿菇生长特性

鸡腿菇又称为毛头鬼伞，对纤维素具有极强的分解能力，培养要求不高，可以利用多种碳源和氮源，大多数富含纤维素的农副产品下脚料均可作为其生长基质，如麦粒、玉米芯、豆秸等（于海龙等，2017；邹莉等，2020），生长过程中菌丝抗寒能力强，菌丝能在−30 ℃土中越冬，菌丝的最适温度为 22～28 ℃，子实体最适温度为 16～24 ℃，超过 30 ℃不容易形成子实体，子实体分化需要 5～10 ℃的温差，鸡腿菇属于弱光性菌类，强光会加速菌丝老化（王玉霞等，2012）。

第二节　双孢蘑菇栽培过程的碳素转化规律

双孢蘑菇又称洋蘑菇、圆蘑菇、口蘑，因担子上通常仅着生 2 个担孢子而得名（芦笛，2009）。双孢蘑菇属于真菌门，担子菌亚门，无隔担子菌亚纲，伞菌目，蘑菇科，蘑菇属（刘君昂等，2007），是目前唯一确定了染色体组型（含 13 条染色体）的食用菌栽培种。双孢蘑菇质地细嫩，味道鲜美，热量低，具有较高的医疗保健作用，是符合联合国和世界卫生组织提倡天然、营养、保健原则的"健康食品"（王硕等，2012）。

双孢蘑菇的栽培源于 16 世纪的法国。19 世纪，蘑菇栽培开始从法国传到英国、美国、法国、荷兰并扩大到世界各地。我国自 20 世纪 30 年代从日本引种，由于当时社会生产条件有限，栽培技术封闭，发展十分缓慢。1950 年开始，栽培双孢蘑菇开始从少到多，迅速发展。1987 年，王贤樵等在双孢蘑菇杂种子一代与子二代遗传变异的酯酶同工酶模式下，育成杂交菌株 As2796 系列，这是我国培育的首批双孢蘑菇杂交菌株，该系列之后在全国推广应用（杨新美，2001）。如今我国双孢蘑菇生产中主要使用 As2796、As3003、闽 1 号、浙农 1 号等栽培种。现双孢蘑菇种植范围已遍及全国 20 多个省、市、自治区，主要集中在江南和长江流域，如福建、浙江、上海等省市，年产量超过 100 万 t（许广波等，2001）。

双孢蘑菇子实体含有丰富的营养成分，鲜菇中蛋白质的含量约为 3%～4%，几乎是菠菜、马铃薯等蔬菜的 2 倍，而且可消化率高达 70%～90%，享有"植物肉"的美名。双孢蘑菇粗脂肪含量为 0.2%～0.3%，仅为牛奶的 1/10，脂肪的性质类似于植物脂肪，含有较高的不饱和脂肪酸，如油酸和亚油酸等。双孢蘑菇的氨基酸组成也较全面，尤其富含赖氨酸，8 种必需氨基酸的含量占总氨基酸量的 42.3%，必需氨基酸与非氨基酸的比值为 0.73。此外，双孢蘑菇还含有丰富的钾、钠、钙、镁、磷、铁等多种人体必需矿质元素，硫胺素、核黄素、抗坏血酸等多种维生素及多糖、超氧化物歧化酶和核苷酸类物质。

据中国食用菌协会统计，2004 年我国仅双孢蘑菇的产量就高达 130 万 t，主要出口到欧盟、美国、日本、加拿大、东南亚等国家和地区。主要以蘑菇罐头、蘑菇干片和盐水蘑菇等加工产品的形式出口，其中双孢蘑菇罐头出口量约占世界出口量的 50%，即我国蘑菇罐头的国际贸易已跃居世界之首。出口价格平均每吨在 800 美元，出口创汇高达 1 亿美元。福建省是双孢蘑菇生产大省，每年的产量都不断增长，2010 年的产量高达 34.2 万 t。

目前双孢蘑菇的研究主要侧重于菌株的遗传性、栽培基质、发酵过程以及保鲜等方面，对双孢蘑菇铺床后的研究较少。高淑敏（2010）研究发现，双孢蘑菇的产量与不同铺料厚度有关，在一定铺料厚度培养料密度相同的情况下，较厚的料层比较薄的料层单位面积产更多重量的菇。但是高淑敏仅研究了铺料厚度与产量的关系，而其他物质转化及酶活等方面则没有涉及。本研究以双孢蘑菇 As2796 为研究材料，培养料配方为稻草 50.45%、鸡粪 17.8%、牛粪 20.77%、棉饼肥 1.49%、尿素 0.59%、石膏 8.9%，设置了 4 个堆料层厚度处理（10 cm、15 cm、20 cm 和 25 cm），研究不同铺料厚度对物质转化以及相关酶活进行研究，为双孢蘑菇高效转化提供借鉴。

一、不同铺料厚度对双孢蘑菇子实体形成和产量的影响

（一）不同铺料厚度对双孢蘑菇出菇时间的影响

试验在各处理播种时间和方法一致的条件下，4 个处理从播种到菌丝萌发均在

第 3 天，菌丝体均在第 13～14 天长满基质。第 14 天 4 个处理同时覆土，土壤菌丝爬土时间从第 18 天开始。出菇情况见表 3-1。由表可知，铺料层厚度对子实体生长的快慢有一定影响。铺料厚度为 20 cm、25 cm 的处理均在第 28 天产生子实体原基，第 42 天头潮菇开始；而铺料厚度为 10 cm、15 cm 的处理均在第 33 天产生子实体原基，第 48 天头潮菇开始。4 个处理前两潮出菇时间，处理 1 和处理 2 与处理 3 和处理 4 差异显著（$P<0.05$）。处理 3 第三潮菇的时间与其他处理差异极显著（$P<0.01$）。但是第四潮菇的出菇时间，4 个处理无明显差异。不过第五潮菇处理 1 与其他处理差异显著。

表 3-1　不同铺料层厚度的出菇情况（d）

处理	子实体原基形成	头潮菇	第二潮菇	第三潮菇	第四潮菇	第五潮菇
处理 1（10 cm）	33±1.25 aA	48±0.82 aA	57±1.2 aA	66±0.47 aA	77±0.47 aA	88±1.25 aA
处理 2（15 cm）	33±0.82 aA	48±0.82 aA	60±2.9 aA	67±1.25 aA	76±0.82 aA	86±0.47 bA
处理 3（20 cm）	28±0.47 bB	42±1.63 bB	55±0.82 bA	63±0.82 bB	76±1.25 aA	86±0.47 bA
处理 4（25 cm）	28±0.94 bB	42±0.82 bB	54±2.05 bA	67±0.47 aA	76±0.47 aA	86±1.63 bA

注：同一列大小字母不同分别表示处理间存在极显著或显著性差异。

（二）子实体产量和绝对生物学效率

4 个处理双孢蘑菇五潮菇总的平均鲜重分别为 1 044.94 g、1 154.34 g、1 340.58 g、1 403.74 g，4 个处理的菇体重差异均极显著（表 3-2）。处理 1 和处理 2 子实体含水率差异不显著，处理 3 和处理 4 子实体含水率差异不显著，但处理 2 与处理 3 和处理 4 差异显著。处理 1 的绝对生物学效率达到了 16.63%，与其他处理差异显著；处理 2 和处理 3 的绝对生物学效率在 11% 左右，差异不显著；而处理 4 仅有 9.72%，与其他处理差异均显著。将铺料层厚度（cm）与绝对生物学效率进行回归分析（图 3-1），结果表明，铺料层厚度（cm）与绝对生物学效率呈极显著的线性关系（$R=0.9048$），绝对生物学效率随着铺料层厚度的增加而降低。

表 3-2　子实体产量和生物学效率的比较

处理	子实体平均总鲜重（g）	子实体平均含水率（%）	绝对生物学效率（%）
处理 1	1 044.94 dD	88.54 abA	16.63 aA
处理 2	1 154.34 cC	89.19 aA	11.55 bB
处理 3	1 340.58 bB	88.06 bA	11.11 bB
处理 4	1 403.74 aA	87.53 bA	9.72 cB

注：同一列大小字母不同分别表示处理间存在极显著或显著性差异。

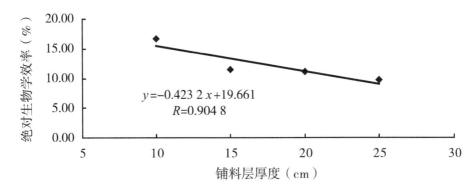

图 3-1　不同铺料层厚度与绝对生物学效率的关系

（三）子实体碳、氮、磷含量的测定

采用常规分析法测定 4 个处理的子实体头潮、第二潮以及第五潮干样的碳、氮、磷元素的含量，结果见表 3-3。由表 3-3 可知，4 个处理同潮期子实体的碳、磷含量总体上差异不显著，氮含量在前两潮时，处理 1 和处理 2 与处理 3 和处理 4 差异显著，之后差异不显著。不过子实体碳、氮、磷含量会随着潮数的不同发生变化。4 个处理头潮菇碳的含量在 44.28%～44.78%，第二潮菇碳的含量为 43.78%～44.09%，比头潮菇略有降低，无显著差异，但第五潮菇碳的含量下降到 41.14%～42.09%，与前两潮菇的碳含量差异显著。同样的，子实体的氮含量则会随着潮数的增加而降低，头潮菇的氮含量在 4.18%～4.87%，第二潮菇的氮含量略有下降，变为 4.14%～4.58%，第五潮菇的氮含量下降到 3.88%～4.04%，此时与前两潮差异显著。而子实体磷的含量与碳、氮的含量的变化趋势不同，磷的含量会随着潮数的增加而增加。头潮菇磷的含量在 1% 左右，而第五潮菇磷的含量增加到 1.28%～

1.33%，与前两潮相比差异显著。

表 3-3　子实体碳、氮、磷含量的比较（%）

含量	项目	处理 1	处理 2	处理 3	处理 4
碳含量	头潮菇	44.28	44.41	44.78	44.70
	第二潮菇	43.78	44.09	43.97	43.98
	第五潮菇	41.76	41.14	42.09	41.95
氮含量	头潮菇	4.20	4.18	4.87	4.84
	第二潮菇	4.14	4.21	4.58	4.51
	第五潮菇	3.88	3.92	4.04	3.97
磷含量	头潮菇	1.03	1.01	1.00	1.00
	第二潮菇	1.11	1.16	1.08	1.07
	第五潮菇	1.28	1.31	1.28	1.33

二、不同铺料厚度对培养料农化性质的影响

（一）不同铺料厚度对培养料 pH 值的影响

从图 3-2 可知，双孢蘑菇在生长过程中培养料中的 pH 值呈不断下降的趋势。

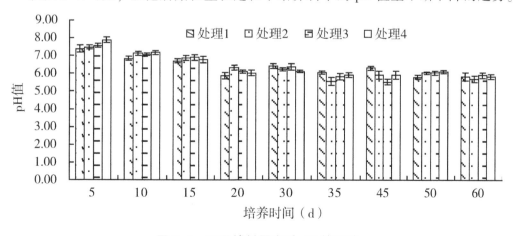

图 3-2　不同铺料厚度对 pH 的影响

同一时期4个处理pH值之间存在一定差异性，但处理间的差异不显著。不过总的变化的趋势是一致的，在菌丝生长阶段，pH值下降的幅度比较大，处理4的pH值从7.34左右下降到6.12左右，下降了16.62%；处理2的pH值下降了14.99%，处理1和处理3均下降了12%左右。出菇阶段，pH值下降的幅度变得平稳，处理1的pH值下降幅度最大，下降了8.88%左右，而处理4仅下降了4.74%左右，并且此阶段中4个处理的pH值基本维持在5.5~5.9。

（二）不同铺料厚度对培养料中物质转化的影响

1. 不同铺料厚度对培养料中碳、氮、磷含量的影响

4个处理培养料中的碳含量均是随着时间的推移逐步降低（表3-4）。菌种萌发阶段，处理4与其他3个处理差异显著。覆土后，4个处理培养料中碳含量的差异性发生变化，处理1和处理2与处理3和处理4差异显著。出菇阶段，4个处理培养料中碳含量差异均显著，在收菇结束后，处理3和处理4碳含量差异不显著，但是与其他两个处理差异显著。从表3-4还可看出，4个处理培养料中碳含量均随时间的推移发生了类似的阶段性变化，即在菌丝阶段，碳素物质降解率较慢，4个处理的降解率均维持在13.65%~15.40%，而在子实体形成期时，碳素物质降解加快，4个处理的降解率增加到18.48%~23.05%。4个处理总的降解率分别为30.45%、34.00%、31.04%、31.44%，即处理2＞处理1＞处理4＞处理3。

表3-4　不同铺料层厚度的C含量变化情况（%）

培养时间（d）	处理1含量	处理2含量	处理3含量	处理4含量
0	41.70	41.70	41.70	41.70
5	38.12 cB	38.44 bB	37.94 cC	39.22 aA
15	36.00 aA	35.77 aA	35.28 bB	35.51 bB
30	32.05 bB	31.83 cB	31.53 dC	32.83 aA
45	31.29 aA	29.09 bB	30.25 cC	31.08 dD
60	29.00 aA	27.52 cC	28.76 bAB	28.59 bB

注：同一行大小字母不同分别表示处理间存在极显著或显著性差异。

4个处理培养料中的氮含量均在出菇阶段之前不断增加，但处理间差异不显著，而在子实体形成及采摘后就开始出现下降，并且各处理间的差异发生变化（见

表 3-5），处理 1 和其他 3 个处理间差异显著。

表 3-5 不同铺料层厚度的 N 含量变化情况 （%）

培养时间 （d）	处理 1 含量	处理 2 含量	处理 3 含量	处理 4 含量
0	1.79	1.79	1.79	1.79
5	1.79	1.80	1.87	1.85
15	1.85	1.86	1.89	1.87
30	1.93	1.95	1.93	1.93
45	2.05	1.91	1.86	1.89
60	1.01	1.66	1.72	1.75

试验结果表明（表 3-6），4 个处理培养料中磷含量的变化幅度不大，并且在出菇之前差异均不显著，只有在结束时，处理 3 的磷含量与其他 3 个处理差异显著。同时 4 个处理培养料中磷含量随时间变化的趋势有所不同，处理 1 和处理 2 培养料中磷含量是一直在增加，处理 3 和处理 4 的磷含量则出现先增加后降低的趋势。

表 3-6 不同铺料层厚度的 P 含量变化情况 （%）

培养时间 （d）	处理 1 含量	处理 2 含量	处理 3 含量	处理 4 含量
0	0.74	0.74	0.74	0.74
5	0.76	0.77	0.76	0.78
15	0.78	0.78	0.78	0.81
30	0.78	0.78	0.79	0.83
45	0.82	0.80	0.81	0.86
60	0.90	0.82	0.75	0.83

2. 不同铺料厚度对培养料中木质纤维素含量的影响

图 3-3 到图 3-5 反映了 4 个处理双孢蘑菇生长发育过程中各生长阶段 3 种木质纤维成分的变化情况。由图可知，4 个处理的培养料中 3 种木质纤维成分的含量均

有降低，说明双孢蘑菇具有较完全的分解木质纤维素的体系。在培养初期，纤维素降解的速度较慢，各处理的降解率在12.34%～14.63%，其中处理1的最高。覆土后，降解速度开始增加。4个处理培养初期到子实体形成前后纤维素降解的速度最快，达到16.78%～24.20%，其中处理1最高，与其他3个处理的差异显著。同时在出菇阶段，各处理的降解速率略有下降，但处理1的纤维素降解率也明显高于其他3个处理。4个处理纤维素总的降解率分别为42.30%、34.94%、33.96%、32.78%，即处理1＞处理2＞处理3＞处理4，各处理的降解率差异极显著。半纤维素的降解速率在培养初期很低，随着培养时间的推移，各个处理的降解率开始增加，但是其降解速率在各阶段差异不大。4个处理培养初期到子实体形成前后半纤维素降解率分别为15.44%、11.00%、10.87%、11.02%，处理1与其他处理差异显著；在出菇阶段，处理1对半纤维素的降解略有下降，而其他3个处理则略有升高。4个处理半纤维素总的降解率分别为29.92%、27.38%、25.24%、26.04%，即处理1＞处理2＞处理4＞处理3，各处理间差异显著。在培养初期，4个处理培养料中木质素的降解速率同样较低，随着栽培时间的推移，木质素的降解率不断增加，尤其在覆土后，其降解率明显加快，但在出菇阶段降解率开始降低。覆土后，4个处理对木质素的降解率均高于20%，并且处理1的降解率与其他3个处理的差异显著。各处理木质素总的降解率分别为31.54%、28.49%、28.00%、26.96%，即处理1＞处理2＞处理3＞处理4，各处理的降解率差异显著。

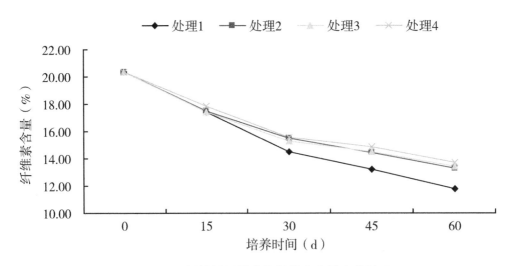

图3-3　不同铺料层厚度的纤维素含量变化情况

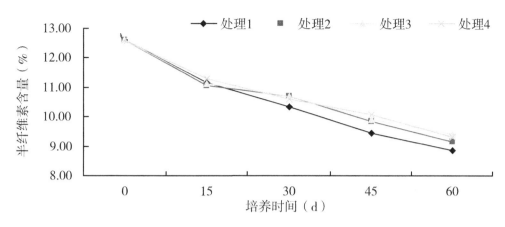

图 3-4　不同铺料层厚度的半纤维素含量变化情况

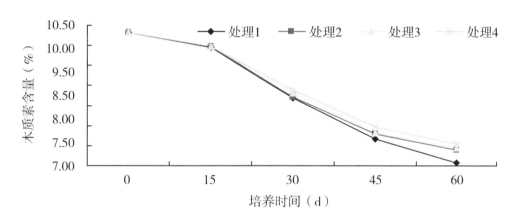

图 3-5　不同铺料层厚度的木质素含量变化情况

三、不同铺料厚度对 CO_2 排放通量的影响

在双孢蘑菇接种后菌丝刚开始萌发时（第 3 天开始萌发），每 7 天对其二氧化碳 24 h 变化情况进行监测。由图 3-6 可知，4 个处理在培养初期、覆土期、出菇期同一天的二氧化碳排放通量的日变化虽有一定波动，但无明显差异。由图还可知，不同时期测定的二氧化碳排放通量存在一定差异。在培养初期，4 个处理二氧化碳排放通量在 0.01～0.03 μg/（s·g 干物质），在覆土期，二氧化碳排放通量在 0.04～0.08 μg/（s·g 干物质），在出菇期，二氧化碳排放通量为 0.05～0.07 μg/（s·g 干物质）。

参考丁仲礼（2005）等的计算方法，算出二氧化碳单位干重和单位面积的排放

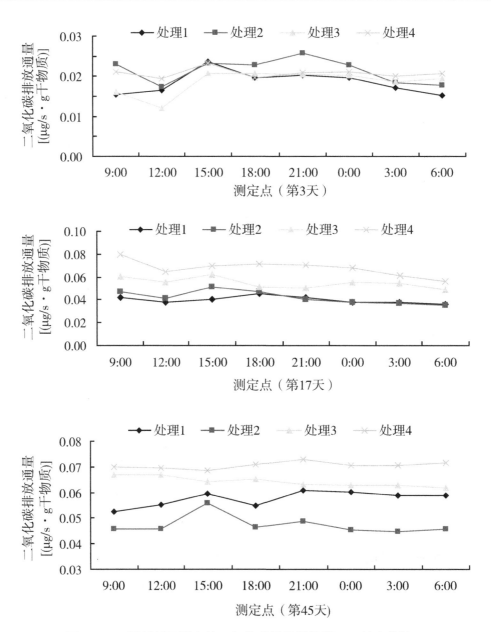

图3-6 不同铺料层厚度的二氧化碳排放通量同一天的变化情况

通量，并绘制成图。由图3-7得知，双孢蘑菇单位干重和单位面积排放二氧化碳通量的变化趋势是一致的，从培养开始，二氧化碳排放通量逐渐升高，菌丝爬土期达到最高点，随后开始下降，从子实体开始形成时，二氧化碳排放通量再一次升高，并且在出菇阶段出现峰值，不过第二个峰值小于第一个峰值。4个处理单位干重排放的二氧化碳排放通量中，第一个峰值大小依次为处理3>处理4>处理1>处理2，各处理间差异显著，并且 4 个处理峰值出现的时间较为一致；但是 4 个处理中，处理 3 和处理 4 出现第二个峰值的时间快于处理 1 和处理 2，同时 4 个处理峰值较为接近，各处理间差异不显著。与单位干重排放的二氧化碳排放通量相比，单位面积排放的二氧化碳排放通量，各处理间差异第一个峰值大小依次为处理 4＞处理 3＞处理 2＞处理 1，各处理之间差异极显著，并且峰值出现的时间也一致；与单位干重排放的二氧化碳排放通量一样，4 个处理中，处理 3 和处理 4 出现第二个峰值的时间快于处理 1 和处理 2，但是各处理间的峰值相差较大，差异显著。

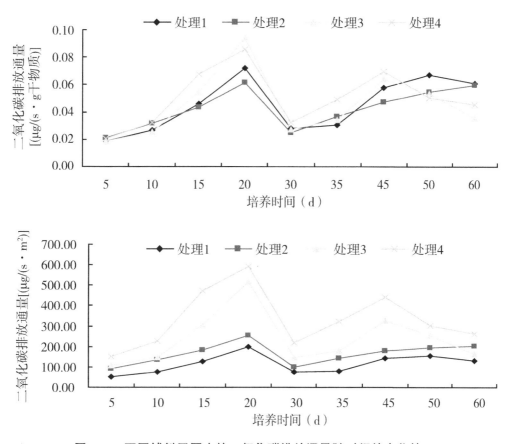

图 3-7　不同铺料层厚度的二氧化碳排放通量随时间的变化情况

四、不同铺料厚度对碳转化相关酶活性的影响

培养料中酶的存在及变化是食用菌在栽培过程中生理生化活动的反映，而培养料中各组分的降解是相关酶作用的结果。因此测定培养过程中培养料中酶活性的变

化，有助于了解双孢蘑菇整个生长发育过程中对基物降解生理生化的基础，同时也能从另一个侧面阐明培养料中各组分降解的特点。本研究测定了 4 个处理培养料中羧甲基纤维素酶、木聚糖酶和淀粉酶 3 种酶活性的动态变化，结果见图 3-8 至图 3-10。由图可知，4 个处理在所测定的生长发育期中，羧甲基纤维素酶、木聚糖酶和淀粉酶活性的大小和变化规律有所差别。

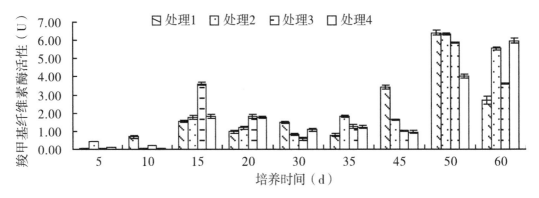

图 3-8　不同铺料层厚度羧甲基纤维素酶活性随时间的动态变化

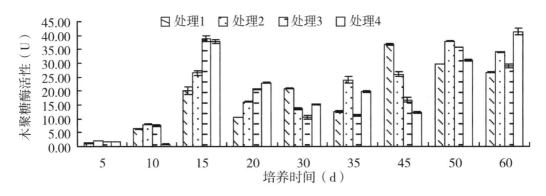

图 3-9　不同铺料层厚度木聚糖酶活性随时间的动态变化

试验结果表明（图 3-8），4 个处理培养料中羧甲基纤维素酶活性变化的总体趋势是一致的，均出现两个酶活性峰值。第一个峰值出现在覆土阶段，第二个峰值在出菇阶段，并且第一个峰值小于第二个峰值。在第一个峰值点，处理 3 的酶活性明显高于其他 3 个处理；处理 4 第二个峰值点出现的时间比其他 3 个处理出现的时间慢，并且处理 1 和处理 2 第二个峰值接近，显著差异于处理 3 和处理 4。从整体上看，处理 3 在开始阶段的酶活性最高，随着时间的推移，处理 1 和处理 2 的酶活性迅速增加，高于处理 3 和处理 4。

木聚糖酶是半纤维素酶系中主要的一种酶，其酶活性变化能比较客观地反映半

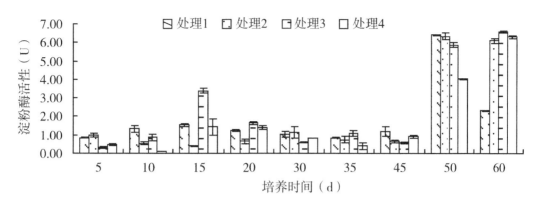

图 3-10　不同铺料层厚度淀粉酶活性随时间的动态变化

纤维素酶活性的变化。4 个处理培养料中木聚糖酶活性变化的总体趋势相似，其中处理 1 和处理 2、处理 3 和处理 4 的变化趋势更为一致。从培养初期到子实体形成前后，处理 3 和处理 4 的酶活性迅速升高，明显高于处理 1 和处理 2，但随着栽培时间的推移，处理 1 和处理 2 的酶活性迅速增加，高于处理 3 和处理 4。4 个处理在栽培过程中木聚糖酶活性同样出现 2 个峰值，第一个峰值出现在覆土阶段，第二个峰值在出菇阶段，处理 3 第一个峰值高于第二个峰值，而其他处理均是第二个峰值高于第一个。4 个处理第一个峰值出现的时间一致，处理 1 第二个峰值出现的时间最早，而处理 4 出现的时间最晚。

相对于之前羧甲基纤维素酶和木聚糖酶的酶活性变化，淀粉酶活性变化则有所不同。在出菇阶段之前，淀粉酶的活性都很低，处理 3 在此阶段的酶活性最高，与其他处理差异明显。在出菇阶段，4 个处理的酶活性均迅速增加，处理 1 和处理 2 的酶活性先达到最大值，之后处理 1 迅速下降，处理 2 下降较为缓慢；处理 3 和处理 4 的酶活性则较前两个处理晚一点达到最大值。

五、相关性分析

将双孢蘑菇栽培过程中二氧化碳排放通量与各组分含量、酶活性、pH 值及碳氮比进行相关性分析，结果见表 3-7。由表可知，单位干重排放的二氧化碳排放通量与单位面积排放的二氧化碳排放通量呈极显著正相关，与碳含量呈极显著负相关，与磷含量呈极显著正相关，与纤维素呈显著负相关，与半纤维素呈极显著负相关，与木质素呈显著负相关，与羧甲基纤维素酶呈显著正相关，与木聚糖酶呈极显

表 3-7 CO_2 排放通量与各组分的相关系数

项目	A	B	C	D	E	F	G	H	I	J	K	L	M
A	1												
B	0.726**	1											
C	-0.638**	-0.287	1										
D	-0.222	0.108	0.269	1									
E	0.650**	0.419	-0.521*	-0.534*	1								
F	-0.561*	-0.131	0.936**	0.342	-0.615**	1							
G	-0.636**	-0.192	0.954**	0.376	-0.622**	0.983**	1						
H	-0.537*	-0.148	0.909**	0.348	-0.605**	0.964**	0.964**	1					
I	0.531*	0.217	-0.707**	-0.269	0.313	-0.614**	-0.701**	-0.588**	1				
J	0.702**	0.423	-0.690**	-0.125	0.336	-0.588**	-0.656**	-0.486**	0.854**	1			
K	0.288	0.116	-0.581**	-0.333	0.080	-0.464*	-0.547*	-0.492*	0.871**	0.603**	1		
L	-0.449*	-0.172	0.771**	0.205	-0.486*	0.797**	0.807**	0.805**	-0.446*	-0.390	-0.357	1	
M	-0.175	-0.298	0.372	-0.780**	0.245	0.223	0.221	0.219	-0.239	-0.314	-0.145	0.277	1

注：A 表示单位干重 CO_2 排放通量；B 表示单位面积 CO_2 排放通量；C 表示碳含量（%）；D 表示氮含量（%）；E 表示磷含量（%）；F 表示纤维素含量（%）；G 表示半纤维素含量（%）；H 表示木质素含量（%）；I 表示羧甲基纤维素酶活（U）；J 表示木聚糖酶活（U）；K 表示淀粉酶活（U）；L 表示 pH 值；M 表示碳氮比。

*：在 0.05 水平（双侧）上显著相关；**：在 0.01 水平（双侧）上显著相关。

著正相关，与 pH 值呈显著负相关。单位面积排放的二氧化碳排放通量仅与单位干重排放的二氧化碳排放通量呈极显著正相关，与其他各组分、酶活性等关系均不显著。

从表3-7中还可得知，碳含量与磷含量呈显著负相关，与纤维素含量呈极显著正相关，与半纤维素含量呈极显著正相关，与木质素含量呈极显著正相关，与羧甲基纤维素酶呈极显著负相关，与木聚糖酶呈极显著负相关，与淀粉酶呈极显著负相关，与 pH 值呈极显著正相关。氮含量与磷含量呈显著负相关，与碳氮比呈极显著负相关。磷含量与纤维素含量呈极显著负相关，与半纤维素含量呈极显著负相关，与木质素含量呈极显著负相关，与 pH 值呈显著负相关。纤维素含量与半纤维素含量呈极显著正相关，与木质素含量呈极显著正相关，与羧甲基纤维素酶呈极显著负相关，与木聚糖酶呈极显著负相关，与淀粉酶呈显著负相关，与 pH 值呈极显著正相关。半纤维素含量与木质素含量呈极显著正相关，与羧甲基纤维素酶呈极显著负相关，与木聚糖酶呈极显著负相关，与淀粉酶呈显著负相关，与 pH 值呈极显著正相关。木质素含量与羧甲基纤维素酶呈极显著负相关，与木聚糖酶呈显著负相关，与淀粉酶呈显著负相关，与 pH 值呈极显著正相关。羧甲基纤维素酶与木聚糖酶呈极显著正相关，与淀粉酶呈显著正相关，与 pH 值呈显著负相关。木聚糖酶与淀粉酶呈极显著正相关。

由上可知，双孢蘑菇栽培过程中单位干重二氧化碳的排放通量与碳含量、磷含量、木质纤维素、羧甲基纤维素酶、木聚糖酶以及 pH 值有关，因此对其进行多元回归分析。结果如下：

$$Y = 0.015 - 0.002X_1 + 0.21X_2 + 0.015X_3 - 0.027X_4 - 0.007X_5 - 0.007X_6 + 0.001X_7 + 0.002X_8$$

式中，Y：单位干重二氧化碳的排放通量；X_1：碳含量（%）；X_2：磷含量（%）；X_3：纤维素含量（%）；X_4：半纤维素含量（%）；X_5：木质素含量（%）；X_6：羧甲基纤维素酶；X_7：木聚糖酶；X_8：pH 值。

由表3-8及表3-9可知，多元相关系数 $R = 0.909$，且 $P = 0.003 < 0.01$，说明该方程相关达极显著水平。

表3-8 模型汇总

模型	R	R^2	调整 R^2	标准估计的误差
	0.909	0.827	0.701	0.009 69

表3-9　方差分析结果

模型	平方和	df	均方	F	$Sig.$
回归	0.005	8	0.001	6.581	0.003
残差	0.001	11	0.000		
总计	0.006	19			

六、双孢蘑菇栽培过程中碳素物质转化规律

（一）干物质转化

从表3-10可知，在栽培过程中，4个处理的培养料重量都在不断降低，在营养生长阶段基质减少不多，而在子实体形成阶段，干物质量显著减少。在菌丝生长阶段初期，4个处理的培养料的基物失重分别为3.65%、3.25%、3.19%、3.16%，其中处理1的失重略大，但处理间差异不显著。随着培养时间的推移，培养料的失重不断增加，在出菇阶段之前，4个处理的培养料的基物失重分别为12.87%、12.25%、8.60%、8.31%，处理1和处理2与处理3和处理4显著差异。4个处理每天平均降解量分别为0.29%、0.27%、0.23%、0.22%。在出菇阶段，仅前两潮菇，处理1的基物失重高达11.53%，每天平均失重0.82%，为菌丝阶段的2.83倍；处理2基物失重为9.30%，每天平均失重0.66%，为菌丝阶段的2.44倍；处理3基物失重高达12.66%，每天平均失重0.90%，为菌丝阶段的3.91倍；处理4基物失重高达11.79%，每天平均失重0.84%，为菌丝阶段的3.82倍。在二潮菇结束后，4个处理的基物失重分别为24.40%、21.55%、21.26%、20.10%，其中分别仅有7.05%、5.02%、6.20%、4.97%转化为子实体生物量。

表3-10　不同铺料层厚度的基物失重情况

处理	培养时间（d）	培养基平均干重（g）	培养基平均失重（%）	子实体干重（g）	呼吸消耗（%）
	0	720.09			
	15	693.83	3.65		3.65
处理1	30	667.56	7.30		7.30
	45	627.43	12.87		12.87
	60	544.37	24.40	50.78	17.35

（续表）

处理	培养时间（d）	培养基平均干重（g）	培养基平均失重（%）	子实体干重（g）	呼吸消耗（%）
	0	1 080.14			
	15	1 045.09	3.25		3.25
处理2	30	1 010.17	6.48		6.48
	45	947.82	12.25		12.25
	60	847.39	21.55	54.24	16.53
	0	1 440.19			
	15	1 394.22	3.19		3.19
处理3	30	1 353.94	5.99		5.99
	45	1 263.77	12.25	32.03	10.03
	60	1 134.02	21.26	89.26	15.06
	0	1 800.24			
	15	1 743.38	3.16		3.16
处理4	30	1 694.92	5.85		5.85
	45	1 590.19	11.67	35.20	9.71
	60	1 438.32	20.10	89.54	15.13

注：培养基平均失重（C）% = （$A-B$）/A×100，其中 A 表示培养基基质干重，B 表示培养后基质干重；呼吸消耗% = （$A-B-C$）/A×100，C 表示子实体干重。

（二）碳素物质转化

1. 碳素转化

由表3-11可知，4个处理培养料中的碳素均大幅度降低。处理1碳素总量为300.26 g，52.58%的碳残留在菌渣中，39.97%的碳以呼吸的形式逃逸到大气中，仅有7.45%的碳素转移到子实体中。处理2碳素总量为450.39 g，51.78%的碳残留在菌渣中，42.89%的碳以呼吸的形式逃逸到大气中，仅有5.33%的碳素转移到子实体中。处理3碳素总量为600.52 g，54.30%的碳残留在菌渣中，39.10%的碳以呼吸的形式逃逸到大气中，仅有6.60%的碳素转移到子实体中。处理4碳素总量为750.66 g，54.77%的碳残留在菌渣中，

39.94%的碳以呼吸的形式逃逸到大气中，仅有5.29%的碳素转移到子实体中。在栽培过程中，处理1碳素减少了142.39 g，其中84.30%的碳素是以呼吸的形式逃逸到大气中。处理2碳素减少了217.20 g，其中88.95%的碳素是以呼吸的形式逃逸到大气中。处理3碳素减少了274.44 g，其中85.57%的碳素是以呼吸的形式逃逸到大气中。处理4碳素减少了339.49 g，其中88.31%的碳素是以呼吸的形式逃逸到大气中。

表3-11　不同铺料层厚度碳素转化情况

处理	培养时间（d）	总碳量（g）	子实体含碳量（g）	菌渣含碳量（g）	呼吸消耗碳损失量（g）
处理1	0	300.26			
	60	157.87	22.36	157.87	120.03
处理2	0	450.39			
	60	233.20	24.00	233.20	193.20
处理3	0	600.52			
	60	326.09	39.61	326.09	234.83
处理4	0	750.66			
	60	411.17	39.70	411.17	299.78

2. 木质纤维素转化

由表3-12可知，不同铺料层厚度会影响木质纤维素的转化率。处理1对纤维素的转化率最高，达56.38%，与处理2、处理3和处理4相比，分别提高了15.16%、17.46%、21.80%，与其他处理间差异极显著。半纤维素转化率也以处理1最高，为47.02%，分别比处理2、处理3和处理4高9.27%、14.29%、14.94%，与其他处理间差异极显著。木质素转化率以处理1最高，与其他处理分别提高了9.91%、11.34%、15.87%，与其他处理间差异极显著。同时4个处理对木质纤维素组分的转化率均是：纤维素转化率＞木质素转化率＞半纤维素转化率。

表 3-12　不同铺料厚度木质纤维素转化情况

处理	培养时间（d）	纤维素量（g）	纤维素转化率（%）	半纤维素量（g）	半纤维素转化率（%）	木质素量（g）	木质素转化率（%）
处理 1	0	146.77		90.83		74.41	
	60	64.02	56.38	48.12	47.02	38.51	48.25
处理 2	0	220.16		136.25		111.61	
	60	112.36	48.96	77.62	43.03	62.61	43.90
处理 3	0	293.55		181.67		148.81	
	60	152.64	48.00	106.94	41.14	84.36	43.31
处理 4	0	366.94		227.09		186.02	
	60	197.08	46.29	134.20	40.91	108.55	41.64

由图 3-11 显示，纤维素转化率与铺料层厚度呈明显的线性关系，相关性达极显著水平（$R = 0.905\,3$）。纤维素转化率随着铺料层厚度的增加而降低。

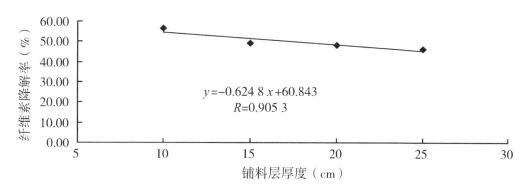

图 3-11　不同铺料层厚度的纤维素转化率

从图 3-12 可以看出，半纤维素转化率与铺料层厚度呈明显的线性关系，相关性达显著水平（$R = 0.923\,3$）。回归分析表明，半纤维素转化率随着铺料层厚度的增加而降低。

图 3-13 说明，木质素转化率与铺料层厚度呈明显的线性关系，相关性达极显著水平（$R = 0.935\,5$）。木质素转化率随着铺料层厚度的增加而降低。

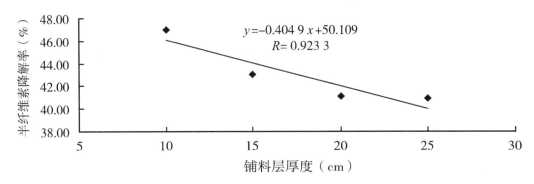

图 3-12　不同铺料层厚度的半纤维素转化率

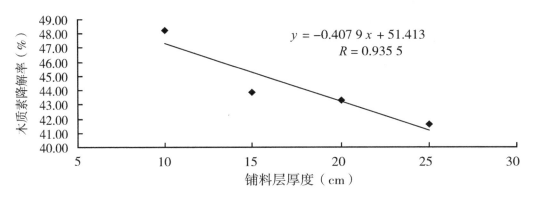

图 3-13　不同铺料层厚度的木质素转化率

七、主要结论

（一）铺料层厚度的影响

不同铺料层厚度对子实体成熟时间有一定影响，尤其是前两潮菇的出菇时间会不同。不同处理间子实体鲜重差异均极显著，说明不同铺料厚度对子实体的总鲜重有影响，较厚的铺料层比较薄的铺料层单位面积产更多重量的鲜菇，这与高淑敏（2010）的研究结果一致。试验结果还表明，处理 1 的绝对生物学效率最高，达到了 16.63%，与其他处理差异显著；而处理 4 的绝对生物学效率最低，仅有 9.72%，与其他处理差异显著。同时铺料层厚度（cm）与绝对生物学效率（%）呈极显著的线性关系（$R = 0.9048$）。

不同铺料层厚度会影响培养料中 pH 值大小，但不显著，并且不会改变 pH 值的变化趋势。4 个处理在生长过程中培养料中的 pH 值均是不断下降的，在菌丝阶段，pH 值下降的幅度大；出菇阶段，pH 值下降的幅度变得平稳，最后 4 个处理的 pH 值基本维持在 5.5～5.9。这种情况的出现可能是在菌丝阶段，培养料不断被分解可能会产生有机酸等，从而使 pH 值下降，而有机酸类是不需酶解作用可直接被食用菌细胞吸收的小分子碳源，随着栽培时间的延长，菌丝不断吸收利用，因此在出菇阶段，pH 趋于稳定。

（二）CO_2 排放通量

食用菌是好气性真菌，会通过菌体的呼吸过程将吸收的氧气转化成二氧化碳和水的形式排放到环境中去。试验结果表明，不同处理双孢蘑菇栽培过程中二氧化碳排放通量的日变化趋于平缓，但不同处理间存在一定差异。4 个处理单位干重排放的二氧化碳排放通量中，第一个峰值大小依次为处理 3＞处理 4＞处理 1＞处理 2，各处理间差异显著，并且 4 个处理峰值出现的时间较为一致；第二个峰值各处理间差异不显著，处理 3 和处理 4 出现的时间早于处理 1 和处理 2。4 个处理单位面积排放的二氧化碳排放通量与单位干重排放的二氧化碳排放通量的变化趋势是一致的，各处理间的峰值均差异显著。

单位干重排放的二氧化碳排放通量与单位面积排放的二氧化碳排放通量呈极显著正相关，与碳含量呈极显著负相关，与磷含量呈极显著正相关，与木质纤维素呈显著负相关，与羧甲基纤维素酶呈显著正相关，与木聚糖酶呈极显著正相关，与 pH 值呈显著负相关。单位面积排放的二氧化碳排放通量仅与单位干重排放的二氧化碳排放通量呈极显著正相关，与其他各组分、酶活等关系均不显著。

双孢蘑菇单位干重二氧化碳的排放通量与碳含量、磷含量、纤维素含量、半纤维素含量、木质素含量、羧甲基纤维素酶、木聚糖酶及 pH 值的关系式为：$Y = 0.015 - 0.002X_1 + 0.21X_2 + 0.015X_3 - 0.027X_4 - 0.007X_5 - 0.007X_6 + 0.001X_7 + 0.002X_8$，式中，$X_1$：碳含量（%）；$X_2$：磷含量（%）；$X_3$：纤维素含量（%）；$X_4$：半纤维素含量（%）；$X_5$：木质素含量（%）；$X_6$：羧甲基纤维素酶；$X_7$：木聚糖酶；$X_8$：pH 值。该方程相关性达极显著水平。

（三）碳素物质转化

基物失重是食用菌对培养基质降解能力的体现，是衡量分解代谢和能量代谢强度的一个重要生理指标。试验结果表明，在栽培过程中，4个处理的培养料重量都在不断降低，在营养生长阶段基质减少的重量不多，而在子实体形成阶段，干物质量显著减少，且呼吸消耗量逐渐增大。4个处理的基物失重分别为24.40%、21.55%、21.26%、20.10%，其中分别仅有7.05%、5.02%、6.2%、4.97%转化为子实体生物量。

碳素物质是食用菌生长发育过程中不可缺少的营养源，是构成细胞和代谢产物中碳架来源的营养物质，同时也是食用菌进行生命活动必需的能源。碳素物质约占子实体成分（干物质）的45%～65%，对食用菌产量具有重要意义。栽培过程中，培养料中各组分经过相应酶的降解，为食用菌的生长发育不断提供各种营养物质，与此同时，基物组分的结构和培养料中的生境条件也相应发生改变（卢翠香，2009）。从试验结果发现，培养料中的碳素仅有5.29%～7.45%转移到子实体中去，其余大部分的碳量是以呼吸形式消耗掉的，其中包括部分碳是以碳化合物的形式排到子实体外面，随管理中浇水而淋失。

食用菌是腐生性真菌，只能以有机碳为碳源，食用菌可利用的碳源很广泛，如木质纤维成分、淀粉、单糖及有机酸等，其中单糖、有机酸等可直接被食用菌吸收利用，而木质纤维成分、淀粉等则需在相应酶的催化作用下水解为单糖后才被吸收利用。食用菌栽培中常以农作物的秸秆或皮壳为主料，麸皮、玉米粉、废菌渣等作辅料，这些原料中含有丰富的木质纤维成分，木质纤维组分是栽培食用菌的良好碳源，食用菌子实体生长发育过程中大部分碳素营养的提供源。本试验以稻草为主要培养料，含有丰富的木质纤维素成分。4个处理培养料中3种木质纤维成分的含量均有降低，说明双孢蘑菇具有较完全的分解木质纤维素体系。试验结果表明，4个处理三种木质纤维素总的降解率均是处理1最大，且各处理间降解率差异极显著。同时处理1对木质纤维素的转化率也最高，与其他处理间差异极显著。4个处理对木质纤维素组分的转化率均是：纤维素转化率＞木质素转化率＞半纤维素转化率。回归分析表明，纤维素、半纤维素、木质素的转化率与铺料层厚度呈明显的线性关系。

综上，10 cm铺料厚度栽培双孢蘑菇，其子实体产量较好，二氧化碳排放通量较低，并且各碳素物质转化率均最高，因此本研究认为10 cm的铺料厚度为最好栽培方案。

同时可知，铺料厚度会影响物质的转化，产生这种现象的原因可能是不同铺料厚度培养料中的温度不同，从而影响培养料中微生物的生长及胞外酶的活性。杨佩玉等人（1990）研究发现，不同发酵层次培养料中的生物化学反应差异明显。不同发酵层次的发酵温度不同，微生物状况也随之改变。双孢蘑菇采用酵素发酵和二次发酵两种方式堆制的研究表明，酵素发酵能增加培养料中的有益微生物群，使料温短时间内提高，并快速将培养料中有机碳、粗纤维分解转化，同时使羧甲基纤维素酶活在较高水平维持较长时间。因此温度的高低可能是影响物质转化分解的原因之一。

参考文献

鲍士旦，2000. 土壤农化分析［M］. 北京：中国农业出版社.

丁仲礼，段晓男，葛全胜，等，2009. 2050 年大气 CO_2 浓度控制：各国排放权计算［J］. 中国科学，39（8）：1009-1027.

高淑敏，2010. 青海夏秋季双孢蘑菇生产不同用料量对产量影响的研究［J］. 青海农林科技，3：5-7.

李晓，李晓博，李玉，2009. 草腐菌生产在农业废弃物污染防治中的作用［J］. 北方园艺（2）：120-122.

李毓茜，王梦雨，2016. 秸秆栽培食用菌的资源化利用研究进展［J］. 安徽农业科学，44（8）：88-89，198.

林金盛，马林，蒋宁，等，2019. 柠檬酸钠对草菇菌丝生长特性的影响［J］. 吉林农业大学学报，41（5）：526-531.

刘君昂，李琳，周国英，2007. 双孢蘑菇的研究现状及其在湖南地区的发展前景［J］. 安徽农业科学，35（5）：1346-1347.

卢翠香，2009. 豆科牧草羽叶决明 *Chamaecrasta+nictitans* 代料栽培鸡腿菇 *Coprinus+comatu* 研究［D］. 福州：福建农林大学：1-82.

芦笛，2009. 双孢蘑菇的培养与生物化学的研究进展（综述）［J］. 浙江食用菌，17（2）：23-28.

潘亚璐，2013. 富硒栽培对双孢蘑菇生长特性及硒形态分布的影响［D］. 南京：

南京农业大学.

汪茜, 吴圣进, 韦仕岩, 等, 2012. 不同培养条件对双孢蘑菇菌丝生长的影响 [J]. 南方农业学报, 43 (2): 217-222.

王倩, 黄建春, 卜乐男, 等, 2021. 双孢蘑菇对高温胁迫的响应及耐热机理 [J]. 菌物学报, 40 (6): 1400-1412.

王硕, 杨淑惠, 孟金贵, 2012. 双孢蘑菇覆土材料对比试验 [J]. 北方园艺 (2): 176-177.

王玉万, 王云, 1991. 培养温度和侧耳子实体形成对胞外纤维分解酶活性的影响 [J]. 微生物通报, 18 (1): 9-11.

王玉霞, 孙淑凤, 刘忠巍, 等, 2012. 鸡腿菇熟料高效栽培技术 [J]. 北方园艺 (7): 175-176.

吴应淼, 2007. 草腐菌菌丝不吃料的原因分析 [J]. 食用菌, 29 (3): 34-35.

许广波, 傅伟杰, 魏铁铮, 2001. 双孢蘑菇的栽培现状及其研究进展 [J]. 延边大学农学学报, 23 (1): 69-72.

闫静, 周祖法, 龚佩珍, 等, 2011. 不同覆土材料对双孢蘑菇菌丝爬土的影响 [J]. 北方园艺 (17): 181-182.

杨佩玉, 郑时利, 林新坚, 等, 1990. 不同层次发酵料的微生物群落与草菇产量关系的探讨 [J]. 中国食用菌, 9 (4): 19-20.

杨新美, 2001. 中国菌物学传承与开拓 [M]. 北京: 中国农业出版社.

于海龙, 尚晓冬, 谭琦, 等, 2017. 沼渣栽培鸡腿菇初探 [J]. 北方园艺 (1): 155-157.

余昌霞, 李正鹏, 查磊, 等, 2021. 不同光质对草菇菌丝生长及子实体性状的影响 [J]. 食用菌学报, 28 (3): 72-77.

余会康, 2004. 草菇室外栽培的小环境要求与调控 [J]. 食用菌 (3): 32.

张福元, 马琴, 2006. 酵素发酵和二次发酵玉米秸秆料对双孢蘑菇生育影响的研究 [J]. 中国食用菌, 25 (3): 53-55.

邹莉, 马依莎, 孙健, 等, 2020. 富集黄酮的鸡腿菇栽培及营养成分分析 [J]. 食品与发酵工业, 46 (3): 188-193.

KABEL M A, JURAK E, MAKELA M R, et al., 2017. Occurrence and function of enzymes for lignocellulose degradation in commercial Agaricus bisporus cultivation [J]. Appl Microbiol Biotechnol, 101 (11): 4363-4369.

SAKINAH M J N, MISRAN A, MAHMUD T M M, et al., 2019. A review: Production and postharvest management of Volvariella volvacea [J]. International Food Research Journal, 26 (2): 367-376.

YANG S, JIA B, YU T, et al., 2022. Research on Multiobjective Optimization Algorithm for Cooperative Harvesting Trajectory Optimization of an Intelligent Multiarm Straw-Rotting Fungus Harvesting Robot [J]. Agriculture, 12 (7).

第四章

木腐性食用菌栽培过程物质转化规律研究

第一节　木腐性食用菌的生长特性

木腐型食用菌是一种以木材为主要原料的食用菌，大多数是担子菌，可以分解其中的木质素、纤维素、半纤维素，从而导致木材逐渐被腐蚀，因此木腐型食用菌可以对园林废弃物进行回收利用，促进园林经济循环，常见的木腐型食用菌有香菇、银耳、猴头菇、平菇、杏鲍菇等，其中树种多样性、倒木数量及其腐烂特征是影响木腐真菌种类组成和群落结构的重要因子（马书燕等，2020；李俊凝等，2019）。

野生木腐型食用菌的生长受到海拔高度的影响，低海拔地区的木腐烂真菌的多样性更高，大多数野生木腐真菌受到四季变化的影响，一般来说更喜欢在湿热季节和暴露在阳光下的开阔树冠下生长，因此在夏天的物种丰度及真菌数量相比于其他季节相对领先。此外，其宿主木材扮演相当重要的角色，对其起决定作用的主要寄主特征是木材的腐烂阶段、枯木分数和寄主树种，充足的含水量和通风也是真菌菌丝生长的重要决定因素，因此，来自不同地区的野生木腐菌的生长特性都会有些许变化。工厂化栽培常用木屑及麸皮或米糠等原料混合进行栽培。当木材感染木腐病等相关疾病时，其种植的木腐型食用菌也会受到相关影响（Chuzho，2018；Stavishenko，2008；Tchotet et al.，2017）。

一、香菇生长特性

香菇是最为典型的木腐菌，具有很强的降解木质纤维素的能力，喜欢在温暖湿润的环境中生长，其宿主木材材质越硬实，其种植出的香菇品质就越好，常选用阔叶树木屑（杨瑞恒等，2018；王秀清等，2021；Bisen et al.，2010）。香菇的耐热性较差，生长温度应控制在24～27 ℃，其出菇一般要求其昼夜温差达到10 ℃以上，当温度超过34 ℃时，其生长就会严重受阻，超过45 ℃时就会快速死亡（姜宇，2018），而相对湿度对香菇的生长影响不大，在黑暗环境中也可形成（李毅志等，2021）。长时间低温保藏可导致单核菌株菌丝萌动期延长，菌丝生长速率下降（程爽爽等，2019），随着子实体的生长，还原糖、总糖、可溶性蛋白及蛋白质含量逐渐下降，糖分供应量减少（王东明等，2012）。

二、银耳生长特性

野生银耳一般生长在亚热带地区硬木树的腐烂树干上，而人工栽培一般采用段木栽培和袋栽，成本低、生长周期短、可大规模种植（Huang et al.，2021）。银耳生长的温度要求高，较高温度会抑制野生银耳的生长和出现（谭笑等，2021），人工栽培一般在春秋季，最适温度是 $20\sim26$ ℃，超过 28 ℃时易出现腐烂，而低于 20 ℃时生长则较为缓慢，适宜相对湿度是 $86\%\sim95\%$（陈岗等，2019）。银耳色泽与菌种的菌龄、保存年限、段木木材的颜色及光照强度有关，但其菌丝几乎没有能力分解纤维素（黎勇等，2014）。

三、木耳生长特性

木耳是木腐型食用菌，为世界第三大食用菌，可以在野生的枯树和倒下的原木上生长。木耳的环境适应性强，并能在许多硬木或软木、锯末上生长。几乎所有种类的木耳都广泛分布在热带、亚热带和温带地区在适当的条件下，孢子萌发温度及菌丝生长最适温度为 $22\sim32$ ℃，低于 14 ℃和高于 38 ℃时生长缓慢，高温可能会使木耳死亡，丙二醛的含量提升，生长最适 pH 值为 $5\sim6.5$，当空气湿度低于 70%时，子实体难以形成。此外，子实体在黑暗环境中很难形成，应选择具有适宜阳光条件下种植（Bandara et al.，2019；Liu et al.，2021；王红等，2022）。

第二节 秀珍菇栽培过程的碳素转化规律

秀珍菇原产于印度，生长在罗氏大戟的树桩上，故又有印度鲍鱼菇之称，在美国、加拿大和澳大利亚也称为珊瑚菇、珍珠菇以及袖珍菇（张金霞等，2005）。在分类学上，隶属真菌门、担子菌纲、伞菌目、侧耳科、侧耳属（冯志勇等，2003）。秀珍菇不仅营养丰富，而且味道鲜美、质地细嫩、纤维含量少，其蛋白质含量接近肉类，比一般蔬菜高出 $3\sim6$ 倍，比香菇和双孢蘑菇、香菇、草菇的含量还要高。据福建省农业科学院土壤肥料研究所测定，秀珍菇鲜菇中含蛋白质

3.65%～3.88%、粗脂肪1.13%～1.18%、还原糖0.87%、糖分23.94%～34.87%、纤维素12.85%、木质素2.64%、果胶0.14%，并且还含有不饱和脂肪酸、维生素、叶酸和较多钾、磷、钠、镁、铁等人体所需的微量元素。其水溶性蛋白质多糖体对小白鼠180肉瘤的抑制率高达100%。秀珍菇含有17种以上的氨基酸，其中苏氨酸、赖氨酸和亮氨酸是人体自身不能制造，而饮食中通常缺乏的。福建省自2001年从罗源县引进秀珍菇栽培技术以来，武义、江山、常山、缙云、龙泉、桐乡等10多个县市相继建立了规模化、设施化的秀珍菇生产基地，2011年福建省栽培量达6 500多万袋，年产量1.93万t，产值近2亿元，成为近年来福建省食用菌产业发展的新亮点，已位居福建省蘑菇、香菇、黑木耳、金针菇之后的第五大菇种。其中罗源县秀珍菇产量占福建省总产量的70%以上，形成一批专业大户和专业村，并建造了438座工厂化、规模化食用菌生产的固定厂房，建成全国最大的秀珍菇生产基地。

就栽培配方而言，目前罗源县秀珍菇的培养料配方主要采用以下两个：①棉籽壳30%、粗木屑21%、细木屑30%、麸皮15%、石灰1.5%、轻质碳酸钙1.5%、红糖1%；②棉籽壳20%、粗木屑20%、细木屑36%、麸皮20%、石灰1.5%、轻质碳酸钙1.5%、红糖1%。故此，本研究以罗源县这两种主要的栽培配方为对象，研究秀珍菇栽培过程中碳素物质转化规律，旨在为秀珍菇产业发展的温室气体排放评估和秀珍菇栽培配方优化调整提供科学依据。

一、两种配方的生长情况

(一) 菌丝平均生长速度

秀珍菇在两种培养配方上均能生长，菌丝生长阶段分别为0～40 d，0～35 d。子实体成熟的平均时间分别为：第59、75、89、99、111、121、129、137、144、151天和第51、65、80、91、101、120、129、137、143、148天。配方2整个生长过程均快于配方1的。

从表4-1可以得知，不同配方下菌丝平均生长速度不一样，但是变化趋势一致，即菌丝平均生长速度在菌丝开始阶段比较高，之后逐渐降低。配方2的菌丝生长速度明显快于配方1的。

表 4-1 菌丝平均生长速度的比较 (cm/d)

配方	4月6日 — 9日	4月9日 — 13日	4月13日 — 17日	4月17日 — 21日	4月21日 — 25日	4月25日 — 29日	4月29日 — 5月2日	平均值
配方1	0.900	0.692	0.635	0.527	0.480	0.325	0.250	0.544
配方2	1.025	0.85	0.713	0.557	0.653	0.625	0.625	0.721

（二）子实体产量和绝对生物学效率

秀珍菇在两种配方生长下，子实体产量和绝对生物学效率均有不同（表 4-2）。两种配方每袋菌袋平均产量分别为 302.72 g、316.12 g，差异不显著，说明这两种配方在生产效益上差异不大。但绝对生物学效率分别为 6.37%，7.13%，差异显著，说明配方 2 的绝对生物学效率高。

表 4-2 子实体产量和生物学效率的比较

配方	每袋子实体 平均鲜重（g）	子实体平均 含水率（%）	绝对生物学 效率（%）
配方1	302.72	89.48	6.37
配方2	316.12	88.73	7.13

（三）子实体碳、氮、磷含量的测定

采用常规分析法测定子实体干物质的碳、氮、磷元素的含量，结果见表 4-3。由表 4-3 可知，秀珍菇在不同培养料配方下生长出的子实体的碳、氮、磷的营养成分有所不同，且差异较大；同时同一配方的子实体的营养成分也会随着栽培时间的延长而有所不同。两种配方的子实体碳含量差异显著，并且在不同菇潮中的变化有所不同。配方 1 的第一潮子实体碳含量为 45.27%，第十潮为 43.41%，呈下降的趋势，而配方 2 的第一潮子实体碳含量为 43.22%，第十潮为 44.94%，呈上升的趋势。秀珍菇是蛋白质和微量元素含量较高的食用菌，在两种配方下生长出的子实体氮、磷含量也较高，同时两者在不同菇潮上的氮、磷含量的变化趋势上是一致的。配方 1 的第一潮子实体氮含为 5.31%，到第十潮下降到 3.97%，而配方 2 的第一潮子实体氮含量为 5.22%，到第十潮下降到 4.41%，由此可知随着栽培时间的延长，子实体氮含量是呈下降的趋势。而配方 1 第一潮子实体的磷含量为 0.73%，到第十潮增加到 0.83%，增加了 0.1%，而配方 2 的第一潮子实体的磷含量为 0.66%，到第十潮则增加到了 0.94%，增加了 0.28%。因此，子实体磷含量会随着栽培时间的延长而增加，并且配方 2 的增加幅度比较大。

表 4-3　子实体碳、氮、磷含量的比较（%）

配方	项目	碳（C）	氮（N）	磷（P）
配方 1	第一潮	45.27	5.31	0.73
	第十潮	43.41	3.97	0.83
配方 2	第一潮	43.22	5.22	0.66
	第十潮	44.94	4.41	0.94

二、不同配方对培养料农化性质的影响

（一）不同配方对培养料 pH 值的影响

从图 4-1 可知，秀珍菇在整个生育过程中培养料的 pH 值呈不断下降趋势。2 个配方下的培养料 pH 值的大小有所差异，整个过程中，配方 1 的 pH 值普遍高于配方 2 的，不过两个配方 pH 值变化的趋势是一致的：在菌丝生长阶段，pH 值下降的幅度比较大，分别从 pH 值 6.6、pH 值 7.4 左右下降到 pH 值 5.6 左右；出菇阶

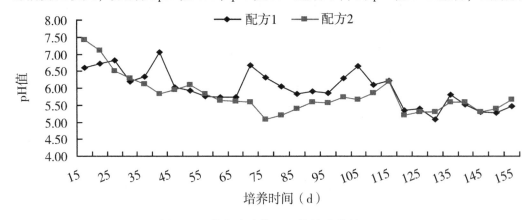

图 4-1　整个生育期 pH 值的变化情况

段，pH 值下降的幅度变得平稳，pH 值维持在 5.5 上下。

（二）不同配方对培养料中物质转化的影响

1. 不同配方对培养料碳、氮、磷含量的影响

秀珍菇整个生育期中，栽培基质中碳的含量逐步降低（表 4-4），同时两种配方都呈现了类似的阶段性变化，即在菌丝阶段，碳素物质降解率较慢，配方 1 仅降解了 4.10% 左右，而配方 2 降解了 5.59% 左右，比配方 1 的降解高；而在子实体形成期时较快，2 个配方的降解速度加快，分别为 9.25%、14.18%，比菌丝阶段分别提高了 2.26 倍、2.54 倍。

表 4-4　整个生育期 C 含量变化情况（%）

培养时间（d）	配方 1 含量	配方 2 含量
10	52.65	49.54
20	50.49	46.77
55	48.31	45.97
90	47.38	43.64
125	46.00	40.94
160	45.82	40.14

而栽培基质中，两种配方培养料中的氮含量变化有所不同，配方 1 的氮含量在菌丝阶段不断增加，在子实体形成的过程中就开始出现下降的趋势；配方 2 的氮含量则一直降低（表 4-5）。配方 1 氮含量的增加可能是由于氮的损失率比总干物质损失得慢，导致氮含量增加，不过从总体上看，两个菌株培养料中的氮含量是降低的。

表 4-5　整个生育期 N 含量变化情况（%）

培养时间（d）	配方 1 含量	配方 2 含量
10	0.705	0.690
20	0.724	0.669

培养时间（d）	配方 1 含量	配方 2 含量
55	0.733	0.657
90	0.712	0.640
125	0.692	0.629
160	0.679	0.617

试验结果还表明，两个配方中磷含量的变化趋势相似，在菌丝阶段含量在不断增加，而在子实体形成的过程中就开始出现下降的趋势，并且整体上是下降的趋势（表4-6）。配方1整个过程中磷含量下降率为6.19%，配方2为5.49%，两者差异显著。

表4-6 整个生育期 P 含量变化情况（%）

培养时间（d）	配方 1 含量	配方 2 含量
10	0.194	0.182
20	0.214	0.191
55	0.235	0.196
90	0.242	0.203
125	0.233	0.198
160	0.182	0.172

2. 不同配方对培养料木质纤维素含量的影响

图4-2 到图4-4 反映了秀珍菇菌株在两种培养料配方生长发育过程中各生长阶段3种木质纤维成分的变化情况。由图可知，两种培养基质中3种木质纤维成分的含量在培养结束时较培养前大大降低，说明秀珍菇菌株具有较完全的分解木质纤维素的体系。同时，两种配方下，秀珍菇对3种木质纤维成分的分解具有相似的变化规律。3种木质纤维素含量在培养初期，在基质中的含量略有降低，随着栽培时间的推移，木质纤维素的降解率均呈现逐渐增加的趋势。在菌丝阶段，秀珍菇在两种配方下对纤维素降解率都很低，仅为1.99%、2.73%，即配方2＞配方1；而在出菇阶段两种

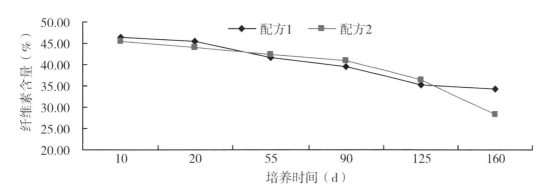

图4-2　整个生育期纤维素含量变化情况

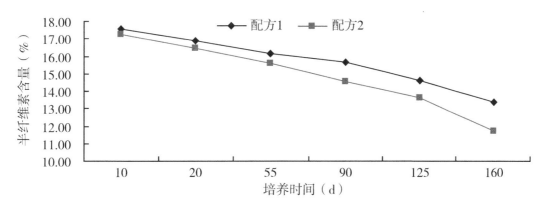

图4-3　整个生育期半纤维素含量变化情况

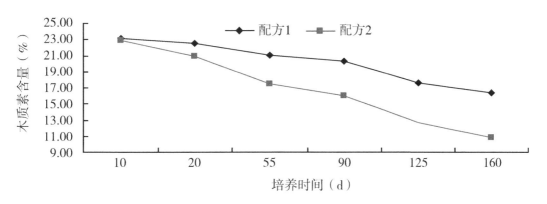

图4-4　整个生育期木质素含量变化情况

配方中纤维素的含量迅速下降，配方1下降的速度明显大于配方2，在最后两潮菇时，配方2中纤维素的降解率明显大于配方1。秀珍菇在两种配方下对半纤维素降解的趋势也很相似。但是在整个过程中，秀珍菇对配方2中半纤维素的降解明显高于配方1

中，配方 2 中半纤维素的总降解率为 32.04%，而配方 1 为 23.65%。秀珍菇对配方 2 中木质素的降解率达到了 52.91%，基本是配方 1 降解率的 2 倍。

三、不同配方对 CO_2 排放通量的影响

在秀珍菇整个生长发育过程中，接种后一周开始，每 4 天对其二氧化碳 24 h 变化情况进行监测。图 4-5 显示，秀珍菇菌株在同一配方中二氧化碳排放通量的日变

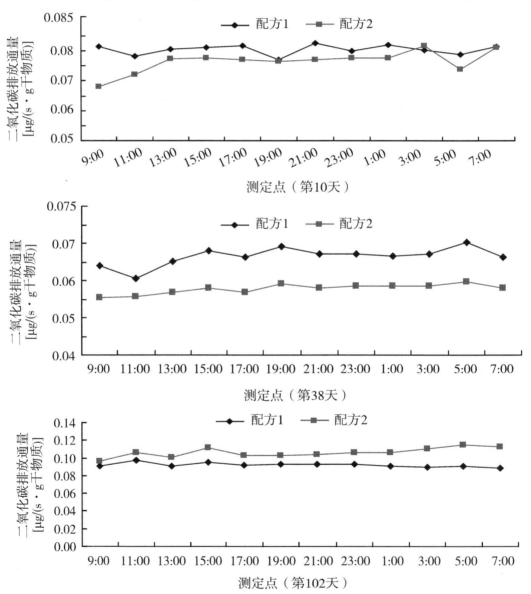

图 4-5　不同配方二氧化碳排放通量同一天的变化情况

化虽有一定波动，但无明显差异，同时从图中还可发现，二氧化碳排放通量会随着栽培时间的不同而发生改变。在培养第 10 天，即培养初期，秀珍菇在两种配方生长下二氧化碳排放通量在 0.07～0.08 μg/（s·g 干物质），并且配方 1 的通量略高于配方 2 的。在培养第 38 天，即菌丝满袋期，两种配方二氧化碳排放通量在 0.055～0.07 μg/（s·g 干物质），并且配方 1 的通量明显高于配方 2 的。而在第 102 天，出菇阶段，两种配方二氧化碳排放通量在 0.09～0.12 μg/（s·g 干物质），并且配方 2 的通量高于配方 1 的。结合两种配方的出菇时间，此时配方 2 高于配方 1 的原因可能是配方 2 中有子实体生长。

参考丁仲礼等人计算方法，算出二氧化碳单位干重的排放通量，并绘制成图。由图 4-6 可知，秀珍菇单位干重排放的二氧化碳通量总体上是呈现先高后低的趋势，两种配方在出菇之前单位干重排放的二氧化碳通量值接近，差异不明显，呈较平稳的趋势。出菇阶段，两种配方排放的二氧化碳通量迅速增加，且配方 2 排放的通量明显高于配方 1 的，不过随着栽培时间的延长，两种配方的排放通量逐渐降低，并且两种配方排放的二氧化碳通量值再次接近，差异不明显。

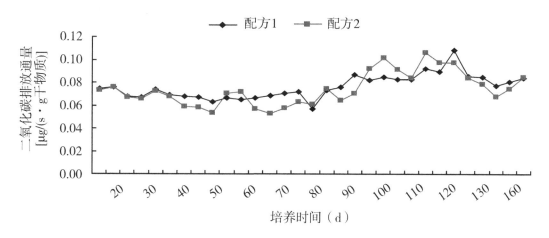

图 4-6　整个生育期二氧化碳排放通量变化情况

四、不同配方对碳转化相关酶活性的影响

培养料中酶的存在及变化是食用菌在栽培过程中生理生化活动的反映，而培养

料中各组分的降解是相关酶作用的结果。因此测定培养过程中培养料中酶活性的变化，有助于了解秀珍菇整个生长发育过程中对基物降解生理生化的基础，同时也能从另一个侧面阐明培养料中各组分降解的特点。本研究测定了秀珍菇整个生育期培养料中羧甲基纤维素酶、木聚糖酶和淀粉酶3种酶活性的动态变化，结果见图4-7至图4-9。由图可知，秀珍菇在两种配方下，整个生长发育期中均存在羧甲基纤维素酶、木聚糖酶和淀粉酶活性，但是活性大小和变化规律有所差别。

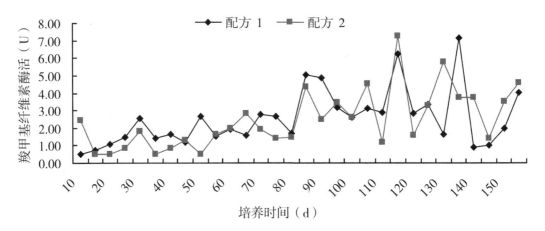

图4-7 整个生育期羧甲基纤维素酶活的动态变化

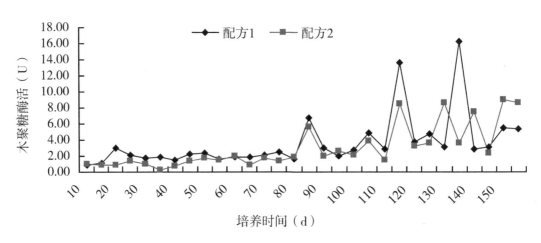

图4-8 整个生育期木聚糖酶活的动态变化

试验结果表明，秀珍菇在两种培养料中羧甲基纤维素酶的变化的总体趋势相似，在菌丝体生长阶段，羧甲基纤维素酶的活性较低，此阶段配方1中的酶活高于

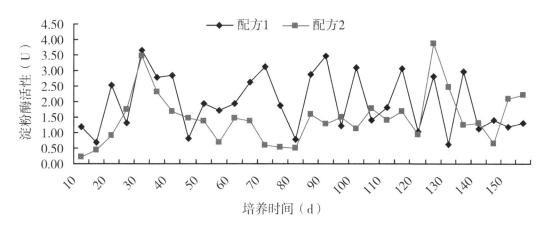

图4-9　整个生育期淀粉酶活性的动态变化

配方2；而在子实体发育期，2种配方中的酶活性迅速增加，在成熟期前后达到高峰水平，当子实体采收后酶活迅速下降，而在下一潮子实体形成时，酶活性再次出现高峰，此时，两种配方中的酶活性接近，差异不显著。

　　木聚糖酶是半纤维素酶系中主要的一种酶，其酶活性变化能比较客观地反映半纤维素酶性的变化。秀珍菇在两种培养料中木聚糖酶活性变化的总体趋势是一致的，并且其趋势与各自羧甲基纤维素酶活性变化的总体趋势相似。在菌丝体生长阶段和原基形成期，木聚糖酶和羧甲基纤维素酶活性一样都较低，配方1此时的酶活性高于配方2；在子实体发育期和成熟期其酶活性迅速增加，达到高峰水平，当子实体采收后酶活性迅速下降，而在下一潮子实体形成时，酶活性再次出现高峰，此时配方1中的酶活性仍比配方2高，且其峰值明显差异与菌株2的峰值。

　　相对于之前羧甲基纤维素酶和木聚糖酶活性，淀粉酶活性在整个发育期中出现时高时低的趋势，并且在菌丝生长阶段就出现峰值，明显早于羧甲基纤维素酶和木聚糖酶出现的时间。而整个生长过程中，配方1中的淀粉酶活性明显高于配方2。

五、相关性分析

　　将秀珍菇栽培过程中二氧化碳排放通量与各组分含量、酶活、pH值及碳氮比进行相关性分析，结果见表4-7。

表 4-7 CO_2 排放通量与各组分的相关系数

项目	A	B	C	D	E	F	G	H	I	J	K	L
A	1											
B	-0.679*	1										
C	-0.554	0.852**	1									
D	0.009	0.263	0.627*	1								
E	-0.684	0.807**	0.561	0.159	1							
F	-0.736**	0.902**	0.713**	0.275	0.958**	1						
G	-0.705	0.959**	0.842**	0.322	0.871**	0.958**	1					
H	0.739**	-0.369	-0.084	0.481	-0.598*	-0.477	-0.370	1				
I	0.292	-0.062	0.284	0.640*	-0.302	-0.184	-0.052	0.676*	1			
J	-0.112	-0.047	0.206	0.569	-0.187	-0.124	-0.057	0.517	0.847**	1		
K	-0.490	0.716**	0.696**	0.421	0.718**	0.771**	0.779**	-0.267	0.114	-0.020	1	
L	-0.551	0.761**	0.308	-0.291	0.780**	0.762**	0.704**	-0.567	-0.473	-0.340	0.433	1

注：A 表示单位干重 CO_2 排放通量；B 表示碳含量（%）；C 表示碳素含量（%）；D 表示磷含量（%）；E 表示氮含量（%）；F 表示纤维素含量（%）；G 表示木质素含量（%）；H 表示羧甲基纤维素酶活（U）；I 表示木聚糖酶酶活（U）；J 表示淀粉酶酶活（U）；K 表示 pH 值；L 表示碳氮比。

*：在 0.05 水平（双侧）上显著相关；**：在 0.01 水平（双侧）上显著相关。

由表 4-7 可知，秀珍菇单位干重排放的二氧化碳排放通量与碳含量呈显著负相关，与纤维素呈显著负相关，与半纤维素呈极显著负相关，与木质素均呈显著负相关，与羧甲基纤维素酶呈极显著正相关。

此外，表 4-7 还显示，碳含量与氮含量呈极显著正相关，与纤维素含量呈极显著正相关，与半纤维素含量呈极显著正相关，与木质素含量呈极显著正相关，与pH 值呈显著正相关，与碳氮比呈极显著正相关。氮含量与磷含量呈显著正相关，与半纤维素含量呈极显著正相关，与木质素含量呈极显著正相关，与 pH 值呈显著正相关。磷含量与木聚糖酶呈显著正相关。纤维素含量与半纤维素含量呈极显著正相关，与木质素含量呈极显著正相关，与羧甲基纤维素酶呈显著负相关，与 pH 值呈显著正相关，与碳氮比呈极显著正相关。半纤维素含量与木质素含量呈极显著正相关，与 pH 值呈极显著正相关，与碳氮比呈极显著正相关。木质素含量与 pH 值呈极显著正相关，与碳氮比呈显著正相关。羧甲基纤维素酶与木聚糖酶呈显著正相关。木聚糖酶与淀粉酶呈极显著正相关。

由上可知，秀珍菇栽培过程中单位干重二氧化碳的排放通量与碳含量、纤维素含量、半纤维素含量、木质素含量、羧甲基纤维素酶活有关，因此对其进行多元回归分析。结果如下：

$$Y = 0.091 + 0.001X_1 + 0.002X_2 - 0.008X_3 + X_4 + 0.001X_5$$

式中，Y：秀珍菇单位干重二氧化碳的排放通量；X_1：碳含量（%）；X_2：纤维素含量（%）；X_3：半纤维素含量（%）；X_4：木质素含量（%）；X_5：羧甲基纤维素酶（U）。

由表 4-8 及表 4-9 可知，多元相关系数 $R = 0.943$，且 $P = 0.008 < 0.01$，说明该方程相关达极显著水平。

表 4-8　模型汇总

R	R^2	调整 R^2	标准估计的误差
0.943	0.890	0.798	0.003 121

表 4-9　方差分析结果

项目	平方和	df	均方	F	$Sig.$
回归	0.000	5	0.000	9.705	0.008

（续表）

项目	平方和	*df*	均方	*F*	*Sig.*
残差	0.000	6	0.000		
总计	0.001	11			

六、秀珍菇栽培过程中碳素物质转化规律

（一）干物质转化

从表4-10可见，秀珍菇在栽培过程中，培养基重量不断在降低，在营养生长阶段基质减少得不多，而在子实体形成阶段，干物质量显著减少。结果还表明，秀珍菇在不同培养料配方中对基质的分解能力不同，在营养生长阶段，配方1的基物失重为6.35%，每天平均降解0.18%，而配方2的基物失重7.02%，每天平均降解0.20%。在子实体形成阶段，配方1的基物失重高达44.16%，每天失重0.36%，为菌丝阶段的2倍，其中仅有6.37%转化为子实体生物量，而配方2基物失重达到45.71%，每天失重也为0.37%，为菌丝阶段的1.85倍，其中7.13%转化为子实体生物量。

表4-10 基物失重情况

配方	培养时间（d）	培养基平均干重（g）	培养基平均失重（%）	子实体干重（g）	呼吸消耗（%）
配方1	0	500.00			
	35	468.24	6.35		6.35
	160	247.47	50.51	31.85	44.14
配方2	0	500.00			
	35	464.91	7.02		7.02
	160	236.34	52.73	35.63	45.61

注：培养基平均失重% = （*A*−*B*）/*A*×100，其中*A*表示培养基基质干重，*B*表示培养后基质干重；呼吸消耗% = （*A*−*B*−*C*）/*A*×100，*C*表示子实体干重。

（二）碳素物质转化

1. 碳量转化

由表4-11可知，秀珍菇在配方1中碳素总量为263.23 g，43.07%的碳残留在菌渣中，51.56%的碳以呼吸的形式逃逸到大气中，仅有5.36%的碳转移到子实体中。配方2中碳素总量为247.71 g，38.30%的碳残留在菌渣中，55.36%的碳以呼吸的形式逃逸到大气中，仅有6.34%的碳转移到子实体中。在栽培过程中，配方1碳素减少量为149.84 g，90.58%的碳以呼吸的形式排放到空气中。配方2碳素减少量为152.85 g，89.73%的碳以呼吸的形式排放到空气中。

表4-11 不同配方碳量转化情况

配方	培养时间（d）	总碳量（g）	子实体含碳量（g）	呼吸消耗碳损失量（g）
配方1	0	263.23		
	160	113.38	14.12	135.72
配方2	0	247.71		
	160	94.87	15.70	137.14

2. 木质纤维素转化

由表4-12可知，不同培养料配方会影响木质纤维素的转化率。秀珍菇在配方2中对木质纤维素的转化率明显高于配方1的。配方2中对纤维素的转化率达70.59%，与配方1相比提高了11.47%，差异极显著。配方2对半纤维素的转化率为67.88%，与配方1相比提高了9.11%，差异显著。配方2对木质素的转化率高达77.74%，与配方1相比提高了19.78%，差异极显著。同时秀珍菇在两种培养料配方中对木质纤维素组分的转化率均是：木质素转化率＞纤维素转化率＞半纤维素转化率。

表4-12 不同配方木质纤维素转化情况

配方	培养时间（d）	纤维素量（g）	纤维素转化率（%）	半纤维素量（g）	半纤维素转化率（%）	木质素量（g）	木质素转化率（%）
配方1	0	231.92		87.74		115.67	
	160	85.06	63.32	33.16	62.21	40.60	64.90

（续表）

配方	培养时间（d）	纤维素量（g）	纤维素转化率（%）	半纤维素量（g）	半纤维素转化率（%）	木质素量（g）	木质素转化率（%）
配方2	0	226.84		86.37		114.81	
	160	66.71	70.59	27.75	67.88	25.56	77.74

第三节　灵芝栽培过程的物质转化规律

灵芝属多孔菌科灵芝属的大型真菌，是被《中华人民共和国药典》收录的重要传统中药材（戴玉成等，2008）。研究表明，灵芝的生物活性成分多样且含量丰富，对人体具有调节免疫系统、抗肿瘤、抗氧化、抗放射性损伤等多种药理功能（Raffa et al.，2017；王朝川，2018；Zhao et al.，2018），具有广阔的市场前景（Jiang et al.，2016）。近年来灵芝的人工栽培发展迅速，栽培规模逐年增加（熊川等，2018）。碳源是食用菌生长过程中必不可少的物质，主要包括纤维素、半纤维素、木质素、单糖等有机碳化合物，食用菌通过分泌胞外酶使大分子物质被分解为小分子物质，以满足菌丝的生长需要，同时通过呼吸作用消耗体内有机碳产生 CO_2（Zhao et al.，2013）。目前对灵芝碳利用方面的研究较少，少量报道涉及栽培过程中木质纤维素酶变化规律（李文涛等，2014），木质素纤维素对菌丝生长的影响（裴海生等，2017），菌丝生长速度、呼吸消耗和胞外酶活性的关系等（倪新江等，2010）。目前还未有灵芝碳利用及碳转化的系统研究，且以前关于灵芝呼吸消耗的报道均是用物质平衡推算而来，不能反映灵芝在整个生长周期内呼吸强弱及 CO_2 排放规律。本研究中检测分析了灵芝培养料中的碳转化到子实体及菌渣中的比例，整个栽培周期内培养料木质纤维素含量的变化、子实体 CO_2 排放规律以及木质纤维素降解相关酶的活力变化，分析其相关性，从而系统阐明灵芝在生长过程中碳的利用规律，为灵芝栽培过程中碳的高效利用及灵芝产业碳排放测算奠定基础。

一、灵芝生长过程栽培料中碳、氮的转化

通过测定培养料栽培前后及灵芝子实体中碳、氮含量，从而计算出灵芝栽培

过程中碳、氮的转化。由表 4-13 可知，栽培灵芝后培养料（菌渣）的碳含量较初始时有所降低，从 489.18 g/kg 降低到 449.72 g/kg，降低了 8.1%；从总量上看，菌渣和子实体中碳总量分别为 809.50 g 和 196.09 g，占栽培前培养料总碳量的 51.7% 和 12.5%，表明仅有少量的碳（12.5%）转移到子实体中，剩余的碳（35.8%）以 CO_2 形式排到大气中。栽培后氮含量有所增加，从栽培前 9.01 g/kg 增加到 11.62 g/kg；从总量上看，有 24.9% 的氮转移到子实体中，菌渣中氮占总氮量的 72.5%。

表 4-13　初始培养料、菌渣及子实体中碳、氮含量及总量

培养料及子实体	干质量（kg）	碳		氮	
		含量（g/kg）	总量（g）	含量（g/kg）	总量（g）
初始培养料	3.20±0.04 a	489.18±0.17 a	1 565.38±19.54 a	9.01±0.04 c	28.83±0.35 a
菌渣	1.80±0.08 b	449.72±0.17 c	809.50±36.64 b	11.62±0.03 b	20.92±0.98 b
子实体	0.41±0.07 c	478.26±0.29 b	196.09±33.26 c	17.57±0.09 a	7.20±1.19 c

注：同一列不同小写字母表示不同物料间存在显著差异（$P < 0.05$）。

二、灵芝生长发育过程中 CO_2 的排放

在整个栽培周期内定期测定灵芝呼吸速率，从而得到灵芝生长过程中 CO_2 排放规律。从图 4-10 可知，在整个栽培周期内灵芝 CO_2 排放呈现 3 次高峰：灵芝接种后，随着菌丝的生长，呼吸作用逐渐增强，栽培 20 d，菌丝基本满袋时，CO_2 的排放通量达到了 1 个峰值，之后略有降低，此时菌丝正积累营养物质供子实体所需；在原基形成前 CO_2 的排放量呈现出快速上升，到原基形成时期 CO_2 的排放量达到第 2 个峰值，也是整个生长周期中的最大值，此时灵芝生长处于最旺盛的阶段，呼吸消耗的养分也达到最高；原基形成后到子实体开始生长，呼吸稍微变弱、CO_2 排放量略有减少，到子实体成熟前呼吸作用增加，CO_2 排放量增大，子实体成熟时达到第 3 次峰值后呼吸又开始减弱，CO_2 排放量也随之下降。

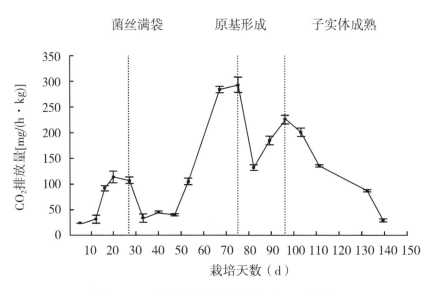

菌丝满袋　　　　原基形成　　　　子实体成熟

图 4-10　灵芝生长发育过程汇总 CO_2 排放

三、灵芝生长发育过程中培养料木质纤维素的变化

从表 4-14 可知，菌渣中的纤维素、半纤维素和木质素含量均较初始培养料低，纤维素含量降低最多，半纤维素次之，木质素含量降低最少；从总量上看，有 76% 的纤维素、68% 的半纤维素和 57% 的木质素在栽培过程中被分解利用。

表 4-14　栽培前后培养料中木质素和纤维素含量变化

培养料	纤维素		半纤维素		木质素	
	含量（%）	总量（g）	含量（%）	总量（g）	含量（%）	总量（g）
初始培养料	6.26± 0.06 a	200.32± 0.74 a	1.12± 0.04 a	35.84± 0.71 a	0.34± 0.01 a	10.88± 0.01 a
菌渣	2.66± 0.07 b	47.88± 1.04 b	0.63± 0.02 b	11.34± 0.10 b	0.26± 0.01 b	4.68± 0.19 b

注：同一列不同小写字母表示不同物料间存在显著差异（$P < 0.05$）。

从栽培过程中培养料的纤维素含量变化（图 4-11）来看，在前 27 天，即菌丝满袋之前无明显变化，在 27～75 d，即菌丝满袋到子实体形成原基阶段急剧降低，子实体生长阶段（75～140 d）也有所降低，说明纤维素降解主要发生在菌丝满袋到子实体形成阶段。培养料中的半纤维素含量（图 4-11）在整个生长阶段均有降低，其中在菌丝满袋到原基形成（27～75 d）降低最显著，菌丝生长阶段（1～27 d）次之，子实体形成阶段（75～140 d）最少。培养料中的木质素含量（图 4-12）在菌丝生长阶段无明显变化，在菌丝满袋到原基形成和子实体生长阶段均有明显降低，其中在子实体生长阶段降低幅度最大，说明木质素降解主要发生在子实体生长阶段。

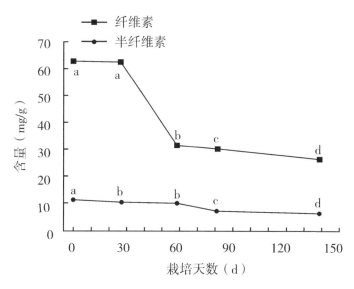

图 4-11　灵芝栽培过程中培养料中纤维素含量的变化

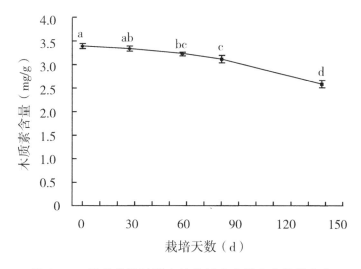

图 4-12　灵芝栽培过程中培养料中木质素含量的变化

注：不同小写字母表示不同栽培天数间存在显著差异（$P<0.05$）。

四、灵芝生长发育过程中木质纤维素酶活的变化

由图 4-13 可知，培养料中羧甲基纤维素酶活性在栽培 20 d 时达到最大值，此时菌丝尚未满袋，随后逐渐降低。木聚糖酶在栽培后的前 16 d 活性较高，随后逐渐降低（图 4-14）。漆酶的酶活性在 16 d 时达到最高峰，随后活性有所降低，原基形成之前有所回升，之后又迅速降低（图 4-15）。

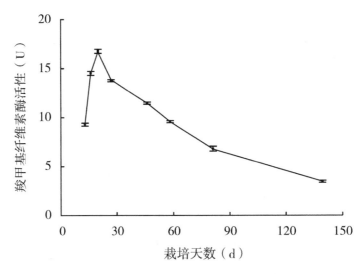

图 4-13　灵芝栽培过程中培养料中羧甲基纤维素酶活性的变化

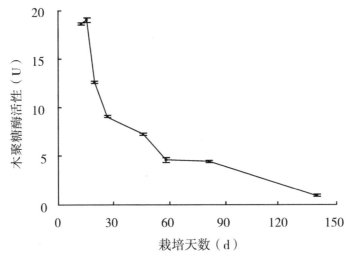

图 4-14　灵芝栽培过程中培养料中木聚糖酶活性的变化

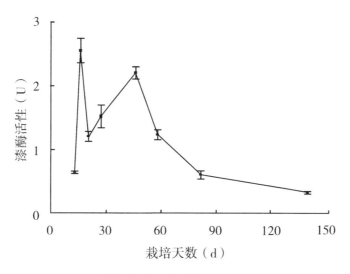

图 4-15　灵芝栽培过程中培养料中漆酶活性的变化

随着全球气候变暖，温室气体排放成为人们关注的重点。据测算，中国农业源温室气体排放量在全国所占比例超过 15%，正以平均每年 5% 的速度增长（冉光和等，2011）。因此，研究农业源温室气体对于探索温室气体减排具有重要指导意义（王兴等，2017；何艳秋等，2018）。中国是食用菌第一生产大国，产量占世界 75% 以上（李芬妮等，2017）。食用菌通过降解培养料来供给自身所需的营养物质，同时通过呼吸作用排放出 CO_2 和 H_2O。目前食用菌呼吸消耗（碳排放）主要是通过物料平衡原理，用基物失重及子实体质量推算（倪新江等，2001；郑浩等，2008；高君辉等，2018），而关于食用菌具体呼吸作用的测定以及呼吸规律的研究较少。肖生美（2013）研究了双孢蘑菇和秀珍菇栽培周期内 CO_2 排放规律，双孢蘑菇 CO_2 排放呈"双峰"特点，其分别出现在菌丝爬土和子实体出现时期，而秀珍菇单位干质量排放的 CO_2 总体上是呈现先高后低的趋势。本研究中，灵芝 CO_2 排放出现了 3 次高峰，即菌丝满袋、原基形成和子实体成熟阶段，这和双孢蘑菇相似，但多 1 个高峰，这可能和菌丝生长中期的温度变化有关，受低温的影响，菌丝活性下降，出现了呼吸速率降低的趋势，之后温度上升，CO_2 的排放又呈现出上升趋势。碳是食用菌子实体形成的必需元素，食用菌子实体生长发育过程中大部分碳素营养来源于培养料中的木质纤维素。研究表明，双孢蘑菇培养料中的碳素有 5.29%~7.45% 转移到了子实体中，秀珍菇培养料中有 6.37% 的碳素转移到了子实体中（肖生美，2013）。竹荪在 2 种不同栽培模式下，分别有 3.79% 和 4.43% 的碳转移到子实体中（周文婷，2014）。不同配方栽培的姬松茸（巴西蘑菇），碳转化率在 2.77%~

11.34%（卢翠香等，2015）。本研究中，灵芝栽培过程中培养料中的碳有12.51%转移到了子实体中，表明灵芝栽培过程中培养料碳转化率较高。食用菌栽培过程中碳转化与食用菌品种、栽培配方、栽培模式关系密切。从木质纤维素降解规律来看，灵芝与香菇、巴西蘑菇也有明显区别。有研究认为，由于木质纤维素复合体中具有木质素包围纤维素和半纤维素的特点，木质素会被优先降解利用，故栽培前期香菇、巴西蘑菇栽培料中木质素降解速率大于纤维素和半纤维素（潘迎捷等，1995；倪新江等，2001）。但是本研究中，培养料中木质素含量在子实体发育阶段降低最显著，而纤维素和半纤维素含量在原基形成阶段降低最显著。造成这种差异的可能原因，一是由于食用菌品种的特异性，二是由于呼吸消耗，培养料质量会一直减少，单单用木质纤维素含量变化来表示碳利用并不准确，而通过木质纤维素总量变化判断比较准确。

参考文献

陈岗，周瑶，詹永，等，2019. 基于温湿度变化的银耳子实体生长发育非线性模拟模型研究 [J]. 北方园艺（7）：140-148.

程金良，周丽洁，陈艳秋，2008. 不同培养料栽培黑木耳比较试验初报 [J]. 食用菌（3）：33-34.

程爽爽，张姣，杜双田，2019. 香菇单核菌株菌丝生长特性分析 [J]. 中国食用菌，38（7）：32-37，42.

戴玉成，杨祝良，2008. 中国药用真菌名录及部分名称的修订 [J]. 菌物学报，27（6）：801-824.

丁李春，阮瑞国，郑长奇，2008. 不同配方培养料栽培宁香8号试验 [J]. 食用菌（3）：32-33.

冯志勇，王志强，郭力刚，等，2003. 秀珍菇生物学特性研究 [J]. 食用菌学报，10（3）：11-16.

高君辉，冯志勇，陈辉，2018. 真姬菇培养时间与栽培料失重、含水量和产量的关系 [J]. 食用菌学报，15（3）：23-26.

何艳秋，陈柔，吴昊玥，等，2018. 中国农业碳排放空间格局及影响因素动态研究 [J]. 中国生态农业学报，26（9）：1269-1282.

姜宇，李佩芳，孙水娟，2018. 香菇生长对温度的要求及调控措施分析［J］. 河南农业（26）：14，16.

黎勇，王晓东，高敏，2014. 我国银耳的研究历史及现状［J］. 北方园艺（16）：188-191.

李芬妮，张俊飚，沈雪，2017. 我国食用菌产业布局变迁的态势分析［J］. 食药用菌，25（1）：1-5.

李俊凝，李通，魏玉莲，2019. 丰林国家级自然保护区木腐真菌多样性与寄主倒木的关系［J］. 生物多样性，27（8）：880-886.

李文涛，佘梦瑶，魏巍，等，2014. 栽培灵芝生长周期内物质的变化规律及其机制研究［J］. 中草药，45（4）：552-557.

李毅志，陆畅，侯昭宇，等，2021. 基于温度和相对湿度的香菇子实体生长模型构建［J］. 食用菌学报，28（6）：87-97.

卢翠香，郑永德，邱春锦，等，2015. 猪场废弃垫料栽培姬松茸及其主要物质转化规律［J］. 中国食用菌，34（5）：50-52.

马书燕，刘红秀，李利博，2020. 园林绿化废弃物培育木腐菌的资源化再利用模式［J］. 中国食用菌，39（3）：21-23.

倪新江，李洁，初洋，等，2010. 菌丝生长速度与呼吸消耗及胞外酶活性的关系［J］. 中国食用菌，29（6）：47-48.

倪新江，梁丽琨，丁立孝，等，2001. 巴西蘑菇对木质纤维素的降解与转化［J］. 菌物学报，20（4）：526-530.

潘迎捷，倪新江，李人圭，1995. 香菇生长过程中木质纤维素的生物降解规律［J］. 食用菌学报，2（2）：20-24.

裴海生，孙君社，王民敬，等，2017. 木质素对灵芝菌丝体生长的影响［J］. 农业工程学报，33（6），309-314.

冉光和，王建洪，王定祥，2011. 我国现代农业生产的碳排放变动趋势研究［J］. 农业经济问题，32（2）：32-38.

谭笑，杨大海，夏蕾，等，2021. 长白山地区野生食药用菌资源监测与评价［J］. 食用菌学报，28（4）：98-107.

王朝川，2018. 灵芝成分及功能的研究现状［J］. 中国果菜，38（8）：45-47.

王东明，应俊辉，傅兵，2012. 香菇子实体生长发育过程中形态特征与生理特性研究［J］. 湖北农业科学，51（4）：734-737.

王红，刘岩岩，李红，等，2022. 菌包后熟期高温胁迫对黑木耳生理特性及生长发育的影响 [J]. 食用菌学报，29（5）：33-42.

王兴，赵鑫，王钰乔，等，2017. 中国水稻生产的碳足迹分析 [J]. 资源科学，39（4）：713-722.

王秀清，郭旭彦，2021. 利用苹果木生产香菇研究进展 [J]. 天津农业科学，27（4）：24-27.

肖生美，2013. 食用菌栽培过程碳素物质转化及 CO_2 排放规律的研究 [D]. 福州：福建农林大学.

熊川，罗强，金鑫，等，2018. 人工栽培灵芝中多糖的部分理化性质及免疫调节作用 [J]. 微生物学通报，45（4）：825-835.

杨瑞恒，李焱，吴莹莹，等，2018. 基于基因组解析不同香菇菌株木质纤维素降解酶体系的差异 [J]. 食用菌学报，25（3）：15-22.

张金霞，黄晨阳，郑素月，2005. 平菇新品种：秀珍菇的特征特性 [J]. 中国食用菌，24（4）：24-25.

赵红萍，王建宝，付振艳，等，2012. 新疆玛纳斯栽培姬松茸适宜配方比较试验 [J]. 食用菌（4）：26-27.

郑浩，翁伯琦，江枝和，等，2008. 羽叶决明代料栽培金福菇的研究 [J]. 食用菌学报，15（3）：18-22.

周文婷，2014. 竹荪栽培过程中碳素物质转化和对土壤性状的影响 [D]. 福州：福建师范大学.

BANDARA A R, RAPIOR S, MORTIMER P E, et al., 2019. A review of the polysaccharide, protein and selected nutrient content of Auricularia, and their potential pharmacological value [J]. Mycosphere, 10（1）：579-607.

BISEN P S, BAGHEL R K, SANODIYA B S, et al., 2010. Lentinus edodes：A Macrofungus with Pharmacological Activities [J]. Current Medicinal Chemistry, 17（22）：2419-2430.

CHUZHO K, DKHAR M S, 2018. Ecological Determinants of Wood-Rotting Fungal Diversity and First Report of Favolaschia calocera, an Invasive Species from India [J]. Proceedings of the National Academy of Sciences, India Section B：Biological Sciences, 89（4）：1177-1188.

HUANG S, ZOU Y, YE Z, et al., 2021. A comparative study on the physio-chemical properties, antioxidant and immuno-stimulating activities of two national geographical indication products of Tremella fuciformis in China [J]. International Journal of Food Science & Technology, 56 (6): 2904-2914.

JIANG J, KONG F, LI N, ZHANG D, YAN C, et al., 2016. Purification, structural characterization and in vitro antioxidant activity of a novel polysaccharide from Boshuzhi [J]. Carbohydrate Polymers, 47: 365-371.

LIU E, JI Y, ZHANG F, et al., 2021. Review on Auricularia auricula-judae as a Functional Food: Growth, Chemical Composition, and Biological Activities [J]. J Agric Food Chem, 69 (6): 1739-1750.

RAFFA D, MAGGIO B, RAIMONDI M V, et al., 2017. Recent discoveries of anticancer flavonoids [J]. European Journal of Medicinal Chemistry, 142: 213-228.

STAVISHENKO I V, 2008. Monitoring of wood-rotting fungal communities in the natural park Kondinskie Ozera (Konda Lakes) [J]. Contemporary Problems of Ecology, 1 (4): 496-504.

TCHOTET TCHOUMI J M, COETZEE M P A, VIVAS M, et al., 2017. Wood-rotting basidiomycetes associated with declining native trees in timber-harvesting compartments of the Garden Route National Park of South Africa [J]. Austral Ecology, 42 (8): 947-963.

ZHAO C, ZHANG C, XING Z, et al., 2018. Pharmacological effects of natural Ganoderma and its extracts on neurological diseases: a comprehensive review [J]. International Journal of Biological Macromolecules, 121: 1160-1178.

ZHAO Z, LIU H, WANG C, XU J R, 2013. Comparative analysis of fungal genomes reveals different plant cell wall degrading capacity in fungi [J]. BMC Genomics, 14: 274.

第五章

食用菌对重金属富集与防控技术

食用菌产业是中国乡村经济发展与农民增收的重要支柱产业之一，其产量与产值均较高。食用菌品种繁多，不仅风味独特，可以制作多种多样佳肴；而且品质优良，富含多种生理活性物质。菇类产品具有丰富营养，不但可以满足城乡居民消费；而且具有保健功能，被公认为健康食品（史琦云，2003；吴锦文，1999）。但需要关注的是，食用菌在栽培过程中可大量吸收 C、N 等营养成分，同时也会富集重金属元素，有的品种富集能力超过绿色植物与养殖动物（梁成彪，2009；赵玉卉等，2010）。从技术视角分析，重金属无法有效地被微生物所降解，进而在其子实体内富集和存储，一旦超过积累的限度不仅对其生长产生毒害作用，如造成蛋白质变性沉淀、酶活性降低，进而还会影响食用菌正常的生长与发育。更为重要的是，食用菌作为食品将会进入食物链，一旦相当数量重金属在人体中不断积累，将会引发一系列的疾病。有效防控食用菌重金属富集与超标，已成为技术研究与生产实践的重要命题。

第一节　食用菌富集重金属主要特征

一、食用菌产业发展与重金属污染现状分析

中国具有丰富的食用菌资源，是世界上最早认知利用并实施人工栽培食用菌的国家，栽培的品种超过 34 个，占同期世界各国首先栽培的食用菌种类的 59% 以上。就食用菌品种资源而言，虽然实现人工栽培的品种已达 80 多种，但大约仅占食用菌种质资源量 12%，其可供挖掘的潜力是巨大的（罗信昌，1998）。近十年来，中国的食用菌产量与产值呈现直线上升的趋势，2015 年产量已突破了 3 400 万 t，产值达到 2 500 多亿元，超过了棉花、茶叶、糖类生产的产值。2008 年以来，食用菌规模化与集约化生产呈现快速发展，到 2016 年大型的食用菌工厂化生产企业已超过了 600 家，日产量达到 7 000 多 t，占全球食用菌工厂化总产量的 43%，其产能与质量稳居世界同类生产的前列。

长期以来，食用菌一直被广大消费者认为是健康食品。但自我国加入 WTO 后，由于国际贸易的竞争进一步加剧，进而更加注重食用菌产品的质量安全，更加关注食用菌生产过程的重金属富集与防控技术实施（李三暑等，2001）。主要进展包括

3 个方面：一是先进检测技术的应用。在应对国际贸易的技术壁垒中，食品安全检测技术被广泛应用，并不断提高了测定与判别的精度；二是研究并明确潜在危害。明确了多种食用菌品种具有富集多种重金属元素的能力，其基本规律与主要风险已被人们关注并形成共识；三是注重与强化源头防控。食用菌重金属的污染主要来自生产原料。工业三废的大量排放，包括使用含重金属离子的农药、化肥和除草剂等农业化学品，不仅会直接造成水源、土壤和植物中重金属污染，而且也致使部分农产品生产环境的重金属含量严重超标，进而使得食用菌栽培原料（种植业秸秆与养殖业粪便）的重金属含量呈上升趋势，从而导致食用菌产品的重金属累积与污染。

有研究表明，越来越多的食用菌品种被发现具有重金属富集能力。就一般规律而言，草腐菌富集重金属的能力比木腐菌强，但两大类食用菌品种对于不同重金属元素的吸收与累积能力是有较大差别的。例如在相同的生产环境与栽培条件下，草腐菌对 Cu、Ag、Cd 富集力强，而木腐菌对 Cr、Mg、Se 和 Pb 则有较高富集力（Michelot et al.，1998）。根据调查发现（Yen et al.，2005），蘑菇属真菌、金针菇、香蘑属真菌对 As 具有明显富集与累积能力。而牛肝菌属真菌对 Au、As 和 Cs 等等元素具有比较高的累积水平，其输送转移速度快并能够储存在不同部位（Kalac et al.，1991）。羊肚菌和黄伞对 Cr 离子具有很强的富集能力很强（安蔚等，2004），远高于灵芝。双孢蘑菇子实体对 Cu 富集能力；香菇、长根菇子实体则对 Cd 富集能力较强（徐丽红等，2005）；木耳子实体对各重金属富集能力顺序为 Cd＞Cu＞Zn＞Pb；凤尾菇、香菇、金针菇、木耳子实体对 As、Cd、Hg 都展示出明显富集作用，其中对 As 的富集能力最强，对 Hg 的吸收能力则相对较弱（施巧琴等，1991）。猪肚菇菌丝体对 Pb 有超富集能力，其最大积累量可超过 1 120 mg/kg，而猪肚菇对 Mn 则具有更强的富集能力（李维焕等，2011），其富集量可超过 4 400 mg/kg。对不同食用菌品种的菌丝体 Pd 元素吸收或者富集能力而言，双孢蘑菇＞木耳＞糙皮侧耳＞香菇＞金针菇，5 种菇对 Pb 的富集能力则呈现了依次减小的趋势（张亮，2012）。灵芝菌丝体对 Cd 耐受能力较强，最大耐受浓度达 3 500 mg/kg（Chuang et al.，2009）。糙皮侧耳菌丝体对 Cd 和 Cr 富集能力分别达到了 3 450 mg/kg、10 350 mg/kg，显示了很强的耐受能力，其富集量的变化规律是随着培养料中重金属浓度的增加而增大，富集系数是随重金属浓度增加呈现先增加后减小的趋势；子实体生物量及累积量在一定添加范围内随重金属添加量增加而增大，且对 Cd 的富集能力高于 Cr，同时对培养料中 Hg 也有较大的富集能力，富集系数最大可达 140（Li et al.，2017），其危害程度是显而易见的。

事实上，不同品种食用菌对重金属的富集特性各不相同，其所造成的危害与损失也程度不一。通过综合分析，有 2 方面的共同特点：一是食用菌菌丝体与子实体对常规的几种重金属都具有富集能力，一般规律是草生食用菌富集能力大于木生食用菌；二是大部分食用菌品种对培养料中（或者覆盖土壤）重金属的吸收敏感度是不一样的，就吸收累积而言，其有序度为 $Cd>Hg>As>Pb$，但不同食用菌品种对同种重金属的富集能力则表现也不同，同种食用菌对不同重金属的富集能力也表现出较大的差异。据目前的研究报道，对同一种食用菌的重金属吸收与累积的数量不一，可能是由于试验的具体菌种不同或者试验条件不同等因素导致，所以开展食用菌重金属富集试验要注重科学设计与内在分析，进而才有利于系统的比较。据报道，目前食用菌产品中重金属元素（Cu、Pb、As、Cd 和 Hg 等）时有超标，尤其是蘑菇、姬松茸等子实体的 Pb 和 Hg 与姬松茸 Cd 等重金属超标较为严重，有的地方检出率与污染面甚至还居高不下。其一方面影响经济效益。由于食用菌重金属含量超过进口国食品安全的规定标准，将使我国食用菌产品出口受到了严重限制，造成相当程度的经济损失。而另一方面则严重影响人体健康。不言而喻，如果有害重金属在人体内长期蓄积，不仅将使人体内分泌失调，而且致使人体免疫功能下降，同时还会诱发神经系统障碍；其中 Pb、Cd 和 Hg 具有较大的危害作用，会直接对孕妇会造成胎儿畸形与发育不全的影响。防控食用菌重金属污染势在必行，必须予以高度重视，必须采取有效措施，力求做到防控到位，力求实现有效保障。

二、食用菌重金属吸收富集特征与评价研究

有研究表明，食用菌对重金属的富集呈现 6 个方面特征。包括不同菇类品种、不同栽培方法、不同生态环境等内外在因素变化，都将对食用菌吸收累积重金属产生不同影响。

（一）不同品种吸收富集能力各异

香菇对 Cd 比较敏感且富集能力最强，其富集系数达到 $10.4\sim18.6$；但对 Hg 的富集系数仅达到 $2.72\sim14.32$。就香菇生产而言，在相同的栽培条件下，其对培养基中不同类型的重金属的富集能力为 $Cd>Hg>As>Cu>Pb$（徐丽红等，2007）。本项目的研究表明，姬松茸对 Cd 元素的富集系数为 $18.6\sim26.4$；但对 Hg 的富集系数为 $1.84\sim10.62$。但是同样是姬松茸，品种不同则富集能力也不尽相同，本项

目组选育的 J77 姬松茸品种与常规品种 J85 相比，其子实体 Cd 含量减少 86.7%，每千克菇的 Cd 含量仅为 1.82 mg/kg。有研究表明，不同品种吸收富集重金属能力不同，与不同食用菌品种生长过程的分泌物成分不同有关，例如分泌草酸是木腐菌在重金属胁迫下产生的一种重要的代谢产物，人们探测到高重金属浓度下培养的云芝菌丝周围产生了非常有序的草酸钙、草酸锌和草酸钴晶体；在云芝和茯苓胞外也发现有高水平草酸盐晶体，进而可以推测草酸作为胞外聚合物可有效固定重金属。

（二）相同品种不同部位累积各异

在相同栽培条件下，同一个品种食用菌的不同部位积累能力不同。就平菇栽培而言，培养料中含有重金属 Cd，其子实体中的 Cd 含量明显增加，而且随着栽培料中 Cd 浓度增加而提高；同时发现：平菇的菌柄和菌盖对 Cd 的吸收与积累量差异较大，菌盖的 Cd 含量则高于菌柄的 Cd 含量 30% 以上。通过取样测定的结果显示，姬松茸子实体对 As 的吸收与富集作用不明显，尽管吸收数量不多，但菌盖中 As 含量依然为菌柄的 2.27 倍；姬松茸子实体对 Cd 吸收与富集比较敏感，不仅吸收与累积数量比较大，而且其菌盖中 Cd 含量是菌柄中的 3.75 倍（袁瑞奇等，2006）。同种食用菌子实体不同部位重金属分布也是不均匀的。一般来说，菌盖浓度最大，菌柄最小。凤尾菇、双孢蘑菇、香菇中，Fe 和 Cr 几乎完全积累在菌盖中，而 As、Zn 在菌盖和菌柄均有分布（Kalac，2000）。

（三）不同菌株对重金属敏感各异

野生姬松茸与人工栽培种对 Cd 的吸收与富集能力不同，而且对 Pb 和 As 的吸收都不甚敏感，这反映了品种或者菌株本身的遗传背景与特性（黄建成等，2007）。在四川省凉山州野外采集 16 种野生食用菌样品，分析并发现其子实体的 Hg 和 As 含量各异；在 16 种野生食用菌中均有 Hg 的检出，大部分野生食用菌对 Hg 则有强烈的吸收与积累能力（张丹等，2005）。另有研究表明，随着培养料的堆制，其内含的各种微生物都会不同程度地参与营养物质的分解与转化，在不同菌株接入之后，随着食用菌菌丝的生长，其对栽培料中所含有的重金属吸收数量与储运方式也不尽相同；而且同一个食用菌品种在不同潮数的子实体对重金属的富集种类与累积数量也明显不一样。同时食用菌生长过程分泌的黑色素，其主要是酚类化合物氧化产物，则存在于真菌细胞壁或胞外聚合物中，在重金属胁迫下其分泌量增加。黑色素中含大量的氨基、羧基、羟基等官能团，为重金属吸附提供结合位点。据报道，菌根菌彩色豆马勃在含 Cd、Cu 和 Fe 的溶液中生长时，重金属大部分集中于黑色素层中，这些黑色素对重金属有明显的吸附作用（Marhuenda et al.，2007）。

（四）不同生态条件吸收能力各异

就 As 含量分析而言，从不同地区采集到野生食用菌吸收与富集能力各异，采于锌矿区林家山的野生食用菌（喇叭陀螺菌）对 As 具有强烈的积累能力，而采于同一区域的牛肝菌对 As 吸收数量比较少，在更高山区采集到的牛肝菌子实体则未检出 As 含量；在不同地点采集到同种蘑菇品种，其对 As 和 Hg 的积累能力明显各异。而在相同生态环境条件下采集到不同蘑菇品种，其分别对 Hg 和 As 的积累能力也不同。人们注意到，为促进食用菌的扭结，通常都选土壤作为覆土材料，但大部分土壤都不同程度含有重金属离子。实际上，大部分重金属进入土壤后，都会与土壤中有机和无机组分发生吸附、络合、沉淀等作用，从而形成各种氧化物结合物和有机质硫化物等形式，只有少部分以水溶态和离子变换态存在，这无疑为食用菌生产过程中增添了一条重金属污染的途径。通过对土壤和食用菌子实体中稳定的 Pb 同位素含量进行比较分析，发现蘑菇中的 Pb 只来自于土壤的直接吸收（Kirchner et al.，1998），从栽培料直接吸收的数量几乎没有。就 Cd 而言，不同土壤类型的吸附能力的顺序如下：有机土＞黏土＞砂壤土或粉砂壤土＞砂质土（袁瑞奇等，2001），这为选择覆土材料提供了主要依据。

（五）不同培养料影响富集度各不同

通常选择木屑、秸秆和农作物副产品作为食用菌培养料。因此，培养料中含有重金属数量多少将会直接影响菌丝体与子实体对重金属吸收与累积。实际上，植物生长过程会不同程度地吸收与累积重金属，其累积数量与土壤重金属含量成正比，同时与作物品种特性有关。一般而言，木本植物的重金属含量小于大田作物，但是木屑作为食用菌的栽培基质后，可通过吸收土壤（覆土材料）中重金属而增加木屑中重金属含量，从而被进一步富集到食用菌子实体内。有研究发现，使用含 Hg 的培养料（3～5 mg/kg）栽培糙皮侧耳，Hg 最高富集量可达 20 mg/kg 以上，其对 Hg 的富集系数超过 100；而在扭结初期的子实体 Hg 含量高于 0.2 mg/kg 时，糙皮侧耳的生长将会受到严重的影响（Bressa et al.，1988）。还有研究发现，选择红壤山地牧草——圆叶决明作为主要原料栽培金顶侧耳，其子实体中 Cd、Pb 和 Cr 含量均比棉籽壳栽培金顶侧耳处理分别降低了 5 倍、1 倍和 0.5 倍。这或许是与圆叶决明种植于红壤山地，而红壤山地的重金属背景值比较低，进而牧草吸收重金属数量比较少，也可能是牧草与棉花的纤维秸秆结构不同，两种原料对重金属吸附特性也有差别，相关机理还有待于深入研究（翁伯琦等，2006）。

（六）不同管理方式影响不尽相同

食用菌不同的栽培方式对养分吸收与重金属富集作用也不尽相同。有研究结果显示：香菇高棚层架和露地畦床式栽培，其子实体中 Cd 的富集数量不同，当培养基中 Cd 的添加量达到 1 mg/kg 时，高棚层架栽培的香菇子实体 Cd 的富集能力比露地畦床式栽培方式的子实体提高 16% 以上，而培养基不添加 Cd 时，以露地畦床式栽培方式的子实体 Cd 富集能力则比高棚层架方式提高了 3.6%（徐丽红等，2007）。很显然，其他因素也将影响食用菌生产过程的重金属吸收与富集。通常情况下，在食用菌栽培过程中，除了添加作物秸秆与动物粪便等原料以外，还需要加入一定数量的石灰、石膏和过磷酸钙等化学添加剂。实际上，化学添加剂的使用也会带入部分重金属，调查分析表明，我国 67 个磷矿样本的 Cd 含量在 0.1~571 mg/kg，添加过磷酸钙之后的 Cd 含量会不同程度增加（60~100 mg/kg），进而造成食用菌栽培生产环节的 Cd 数量的额外增加。食用菌生产过程通常需要土壤覆盖，而土壤中的重金属离子可以在菌物细胞内外电位差的推动下被动进入质膜，也可以通过主动运输进入细胞（Severoglu et al.，2013）。人们对中国云南省 14 种不同的野生食用菌进行取样发现调查，Cu、Zn、Fe、Mn、Cd、Cr、Ni 和 Pb 几种元素的含量范围分别为 6.8~31、42.9~94.3、67.5~843、13.5~113、0.06~0.58、10.7~42.7、0.76~5.1 与 0.67~12.9 mg/kg，充分说明一些大型真菌可以通过主动吸收与运输更多重金属（Zhu et al.，2011）。

三、食用菌重金属富集机制与主要防控技术

（一）食用菌重金属富集的若干机制

食用菌对重金属的富集作用涉及比较复杂的机制，但目前主要集中在两个方面的研究。

1. 生物吸附作用

据细胞学认识，一方面是菌体细胞对重金属的被动吸附，例如食用菌子实体细

胞外多聚物、细胞壁多糖等物质可通过共价健引力、静电吸附力以及分子作用力，将不同的重金属吸附在菌体表面；另一方面是细胞壁中活性基团可吸附或者结合相关重金属，当吸附到达饱和之后，相关重金属就会逐步进入细胞质中，进而被氨基酸等基团包围，形成特异性的结合物，之后就产生逐步累积。以 Cd 富集为例，一些食用菌品种对 Cd^{++} 有特定的生物吸附作用，其吸附数量多少，则由细胞外多聚物种类、细胞壁的化学组成和结构决定（刘瑞霞，2002）。研究发现，姬松茸对镉比较敏感，主要是其细胞壁中含有对 Cd 敏感的多糖物质，这种多糖呈现出对 Cd 的特异结合性。还有研究表明，粗柄侧耳吸附 Cd^{++} 时，可明显观察到子实体中结构性多糖对重金属的强烈吸附作用，其细胞外壁明显增厚；通过吸附过程动力学模型计算表明，粗柄侧耳对 Cd^{++} 生物吸附是一个反复叠加的过程，其具有比较强的稳定性，不易被释放或者脱落；通过透射电子显微镜观察表明，在细胞壁上形成的金属沉淀物中含有大量 Cd^{++} 离子；应用傅里叶变换红外光谱分析，生物吸附物上分层次负载有重金属离子；对 Cd^{++} 离子吸附能力强的有-OH，-NH 和 C-O-C 基键；通过能量色散 X 射线分析则表明，重金属的生物吸附主要是靠离子交换来实现的；有研究表明，在姬松茸细胞壁能截留大部分的 Cd^{++}（83.2%），进入细胞质中 Cd 只是少量的。

2. 主动吸收作用

就生化机制而言，有研究表明：重金属进入子实体细胞质中，通常会产生毒害作用，其只有与氨基酸、金属硫蛋白（MT）等大分子结合，才能降低或者缓解重金属对细胞中遗传物质的毒害作用。金属硫蛋白广泛存在于子实体中，其比较容易受重金属、激素和各种细胞因子诱导，进而与重金属结合成为低分子量蛋白或多肽物质。多肽的功能是多样的，包括储存、运输、代谢各种养分，一旦与重金属形成稳定的螯合物，即可发挥降低重金属毒性，拮抗电离子辐射、清除自由基的作用。江启沛等（2003）人研究表明，姬松茸具有较强富镉能力的原因之一，就是其子实体细胞内富含 Cd^{++} 结合态的氨基酸，还有部分 Cd^{++} 结合态蛋白存在，其自身毒性比较低，但 Cd 的总量将会不断累积。刘安玲等（2003）研究发现，柱状田头菇在低 Cd^{++} 浓度条件下，菌丝体内金属硫蛋白含量是随 Cd 浓度升高而增加，从收集到的菌丝体中可分离纯化得到一种 Cd-MT，每分子 MT 约含 18 个巯基（-SH），而且约有 7 个结合态的 Cd 原子；但在高 Cd^{++} 浓度条件下，菌丝体内金属硫蛋白含量反而减少，但随着培育时间延长，其后续的激发效应则显得比较强烈。

实际上，除氨基酸、MT 等细胞内特异性结合态重金属的物质外，还可以在蘑菇子实体中分离到具有重金属（包括 Cd 在内）结合态的糖蛋白（分子量为 12 000 u），其中在葡萄糖和半乳糖分子上只有磷元素，没有硫元素。生化试验表明，重金属结合态的糖蛋白是与 MT 完全不同的一种金属结合态蛋白质。而在具有很高 Cd 积累水平的美味牛肝菌中分离到一种新的镉结合态蛋白，其生化特性也不同于硫蛋白。就富集机制而言，在重金属胁迫下，由于某些酶的活性被抑制而产生大量活性氧自由基（ROS），使食用菌在生长过程中会通过分泌抗氧化酶（SOD、CAT、POD）和抗氧化剂（还原型谷胱甘肽 GSH）来抵御活性氧的毒害（Liu et al.，2017）。人们对长根菇子实体 Pb 的耐受分析结果则显示，菌盖和菌柄的 GSH 在 Pb 处理浓度范围内随浓度上升分泌量先上升后下降；随着 SOD 随浓度上升相应的分泌量也上升；子实体在受到重金属短时间胁迫时，CAT 随处理浓度上升分泌量增加，胁迫时间增长，CAT 分泌呈先上升后下降的趋势；POD 表现出与 SOD 相似的趋势（Zhang et al.，2012）。除此之外，泛素蛋白酶系统也有可能在重金属解毒过程中起到重要的作用。有研究表明，酵母细胞在重金属胁迫下，该系统会快速结合在相关的折叠蛋白上并将其降解，从而增加对重金属胁迫的耐受性。就分子生物学机制而言，其内在变化也是有一定规律的。例如通过对灵芝 Cd 胁迫下转录组的结果分析也获得了 10 条与双胞蘑菇、香菇、灰树花基因高度同源的差异表达片段，分别涉及细胞壁多糖合成、脂肪酸代谢、氧化应激、胞内物质运输、硫化物代谢、DNA 损伤、真菌发育等生化过程（Hwang W et al.，2007），但无法明确各基因的调控途径及调控方式。上述研究虽然已经揭示了不少与食用菌重金属抗性有关的机制，关于食用菌累积超重金属生理生态学机制有待深入研究。

（二）防控食用菌重金属富集的技术

如何防控食用菌生产过程重金属富集或者减少富集危害，是保障产品质量的重要技术措施，多年的深入探索，取得较好的成效。其主要技术措施包括以下 5 个方面。

1. 合理调节培养基酸碱度

通过优化食用菌培养基的酸碱度，在栽培过程中可起到抑制重金属吸收的作用，也可通过调节 pH 的方法，有效控制食用菌生产过程重金属的吸收量，进而减少富集量。本项目组研究结果表明，pH 值高低将会直接影响栽培料中金属离子的化学状态与子实体细胞表面吸附金属的引力。就其基本原理认识：当 pH 值过低时，溶液中大量水合氢离子（H_3O^+）将会与重金属离子竞争吸附位点及其活性，并促使菌体细胞壁质子化，进而增加细胞表面的静电斥力。当 pH 值过高，尤其是超过金属离子微沉淀的 pH 值的上限时，重金属离子就会形成氧化物沉淀，重金属吸附就将难以维持。不同食用菌品种与不同生长阶段的 pH 值调控有内在规律，一般控制在 6~7 为宜，但还必须根据具体品种来选择，其难度在于既要满足食用菌生长又要有效抑制重金属吸收，这是不易做到两全其美的，分阶段调控是有效的方法。

2. 选择适宜生长的培养料

实际上，食用菌中重金属主要来源于培养料。可以通过优化食用菌培养料的配方，有效调控重金属吸收或者降低有害物质的累积。以传统的棉籽壳作培养料栽培食用菌，增产效果比较明显，但产品重金属超标风险较大；以草代料栽培食用菌，在保证相应产量的同时，可以明显改善食用菌的品质，降低子实体中 Cd、Pb 和 Cr 重金属含量，提高菇类生产的综合效益。本项目组研究结果表明：以圆叶决明牧草为主栽培料培育金顶侧耳，不但产量提高 35% 以上，而且金顶侧耳子实体中 Cd 含量比以棉籽壳为主栽培料培育的金顶侧耳低，其中金顶侧耳的 Cd 积累总量降低了 4.95 倍。这是由于圆叶决明为豆科牧草，不仅蛋白含量高，而且重金属含量低，有利于增产与控污。事实上，也可以向培养基中合理添加 Se 等有益的金属元素，其主要是通过对 Se 等有益金属离子吸收，进而阻控有害重金属吸收；而且可以通过 Se 等元素形成有机成分，使其对重金属离子形成螯合作用，以利于改变重金属离子的溶解与平衡关系，达到控制重金属向食用菌子实体的迁移和富集。

3. 因地制宜优化选择品种

不同的食用菌品种对重金属的富集能力有明显差异。针对培养料的重金属背景的不同，可以选择特定的食用菌菌种进行栽培。有研究发现，绝大部分食用菌产品中 As 的含量比较低（<0.1 mg/kg），但金针菇、粗鳞大环柄菇、水粉杯伞、例垂杯伞等菇具有明显的 As 富集现象，其子实体中 As 的含量相对较高（一般为 5.38~14.69 mg/kg）（García et al.，2005）。施巧琴等（1991）研究认为，香菇、凤尾菇、金针菇、木耳等品种对 Pb 的富集作用并不十分明显，即使在培养料中添加 Pb 量达到 100 mg/kg，上述 4 种菇的 Pb 含量与对照处理（培养料中不添加 Pb）相比，其子实体吸收 Pb 比较少（仅为对照处理的 0.67 倍左右），但香菇、金针菇、木耳、凤尾菇对 As 的富集作用比较明显。徐丽红等研究发现，241-1、庆科 20、9015 等 3 个香菇栽培种对重金属 Cd 的积累有明显差别，其中庆科 20、241-1、9015 香菇品种对 Cd 的富集系数分别为 12.47、12.09、8.57。由此可见，9015 在生产上可作为

首选抗重金属 Cd 的品种。

4. 优化利用正向抑制方法

在栽培原料中添加有益金属元素，对食用菌中的重金属富集具有一定的抑制作用。例如添加适应的 Ca、Mg 和 Zn 等矿质营养，有利于缓解重金属的胁迫毒害作用，这种缓解作用可能是由于 Ca 离子以及其他盐离子与重金属离子发生竞争吸收，改变了重金属运输位点，进而导致减少吸收重金属离子。在培养基添加 Se 等微量元素，其可以与 Cd 形成 Se-Cd 复合物，复合物的形成则可降低 Cd 对生物体的毒害作用（Huang et al.，2010）。如果栽培体系中有多种金属离子，把食用菌作为一种重金属吸附体，便会在溶液中发生竞争吸附，如 Ca^{2+} 会有效干扰 Ni^{2+} 的吸附。阴离子对金属离子吸附，其则源于阴离子和生物细胞壁对金属离子的相互竞争，其结果引起金属离子吸附量的下降，其下降程度通常是由阴离子和金属离子之间的结合力的大小来决定（高庭艳等，2007）。与金属离子结合力越强，其阻止子实体吸附重金属离子的能力就越大，如在栽培材料中有大量的 HCO_3^- 基团存在，就会强烈地抑制铀离子的生物吸附（孙敏华等，2007）。有研究表明，如果在覆盖土中添加磷酸盐后，可以降低重金属有效态浓度，促使栽培料中重金属向残渣态转化。

5. 深化内在防控机制研究

食用菌是农村经济发展的重要产业之一，其对丰富城乡居民食品供应与增加乡村农民收入都将起到重要作用。如何防控食用菌生产过程重金属污染，无疑是一个重要的理论研究与生产实践命题。除了要注重技术研究之外，还要强化内在机理与防控机制研究，力求阐明吸收与富集规律，从根本上解决重金属富集与污染问题。例如有研究发现，添加磷酸二氢钙可以使 Pb、Cu、Cd 和 Zn 的有效浓度分别降低 99%、97%、98% 和 96%。而添加磷酸可明显降低有效态 Pb 浓度，使残渣态 Pb 含量增加 11%～55%；而加入 10 g/kg 磷酸氢二铵，可使土壤中的 Pb、Zn、Cd 的有效浓度下降 98.9%、95.8%、94.6%（Basta et al.，2004）。其内在机理可能是磷酸盐与重金属生成沉淀物或新的矿物所致，也有可能是由于磷酸盐表面直接吸附重金属所致。这对于缓解覆土中重金属对食用菌的污染或许是一个有效的解决办法之一。

综上所述，要推动食用菌产业持续发展，不仅要追求产量与产值的增长，而且要注重质量与效益的提升。中国作为食用菌生产的大国，要在转型升级中突破供给侧结构性改革的瓶颈，在力求产量稳步增长的同时，要更加注重保障质量与产品安全。防控食用菌生产过程重金属污染无疑是一项重要的理论研究与实践命题。深化研究与集成推广的重点包括：分子生物学机理与拮抗、吸收与富集重金属规律、绿色防控机制及其技术、结合实际选育优良品种、因地制宜选择栽培模式、因势利导实施过程调控、优化构建生产经营体系等，以科技创新带动产业发展，促进优质增效与菇农增收。

第二节　姬松茸镉吸收特点及防控技术研究

土壤镉污染，不仅对植物生长有毒害作用，而且会引发农产品的镉超标，尤其是农作物副产物作为食用菌等栽培原料还会产生延伸性的污染，其作为食用菌生产覆盖材料，常常会引发的菇类产品镉超标，进而将进一步影响食品安全，并对人体健康产生不同程度的危害。在日常生活中，由于姬松茸有特殊的风味与良好的品质，深受人们的喜爱（林杰等，1995）。但姬松茸对镉在栽培过程对镉等重金属比较敏感，时常造成镉累积与镉超标，不利于姬松茸绿色生产并影响菇品安全，进而，如何有效防控姬松茸的镉污染，已经成为业界高度重视的重要环节（李三暑等，2000；刘朋虎等，2019）。本项目研究表明，要防控姬松茸镉累积超标无疑是基础理论探索与生产实践命题，一方面要着力选育低镉姬松茸品种，另一方面要深入探讨姬松茸吸收与富集镉的规律，重点包括阐明姬松茸在不同生长阶段对镉吸收与累积过程的内在动态变化及其相互关系，并进一步研发便捷防控的技术措施，这对引导姬松茸绿色生产与保障菇品质量是至关重要的（刘朋虎等，2018）。

就姬松茸镉响应研究进展而言，李三暑等（2000）测定并分析了姬松茸镉污染状况，徐丽红等（2010）深入开展了姬松茸对有害重金属镉的吸收富集规律及控制技术研究，林戎斌（2011）探索了镉在姬松茸生产中迁移、分布规律及降低镉含量措施，李波（2010）深入进行了镉胁迫下两个姬松茸品种生长及镉富集特性研究，深入研究镉胁迫对姬松茸栽培过程不同潮次农艺性状影响及其镉超标的有效防控技术，包括有效寻求降低镉吸收累积的实现途径方面则报道不多。因此，深入探讨不同镉胁迫下姬松茸子实体生长与品质及其镉吸收累积量变化的动态响应，以期总结在不同镉浓度条件之下姬松茸抗胁迫能力及其内在关系与变化规律，力求为栽培环节耐受镉胁迫的姬松茸品种选育提供科学依据，并为合理筛选若干农艺性状作为镉毒害表征指标提供参考；在阐明内在变化规律同时，进一步探讨在培养基中合理添加适当的硫酸钙作为降镉措施的防控成效，为进一步开展不同姬松茸品种耐受镉胁迫的分子生物学机制探讨，及其便捷与低成本的绿色防控技术研发提供有效借鉴。

本研究选择 2 个姬松茸（*Agaricus blazei*）为供试菌种，J1（常规生产品种）与 J37（项目组选育的低镉姬松茸品种，以下简称 J1 与 J37），两个姬松茸品种均由福建农林大学国家菌草工程技术研究中心与福建省农业科学院农业生态研究所联合项目组提供。姬松茸栽培料的基本配方为：牛粪（干）35.0%、棉籽壳 20.0%、玉米芯 12.5%、麸皮 10.0%、稻草（干）10.0%、圆叶决明干草 10.0%、$CaCO_3$ 1.0%、石灰 1.5%。麦粒种：小麦 20 kg、$CaSO_4 \cdot 2H_2O$ 0.4 kg。试验设外源添加 0（CK）、10 mg/kg、20 mg/kg、30 mg/kg、40 mg/kg 等 5 个不同镉胁迫浓度处理，按料水比 1：1.25 的比例进行培养料+水溶液混合，之后按照不同镉胁迫浓度，将配制好的氯化镉母液分别加入到培养料中。将不同镉处理的培养料搅拌均匀并分别装入聚丙烯袋中，并予以清晰标识；每袋装料 1.8 kg，每个供试菌株（J1、J37）每个处理分别设 20 个重复，按照随机区组排列。选择在 10 mg/kg、20 mg/kg 外源添加不同镉浓度处理中，分别施用 0 mg/kg、15 mg/kg、30 mg/kg、45 mg/kg、60 mg/kg 硫酸钙，探讨其防控姬松茸子实体镉吸收与累积的成效，评估降镉防控措施可行性与实际效果。

一、镉胁迫对不同生长潮次姬松茸农艺性状的影响

不同镉胁迫处理对姬松茸生长及其主要农艺性状的影响见表 5-1。

（一）镉胁迫对三个不同生长潮次姬松茸子实体盖重量的影响

表 5-1 显示，在 0 mg/kg、10 mg/kg、20 mg/kg、30 mg/kg、40 mg/kg 的镉浓度胁迫下，的新菌株 J37 的第一潮菇子实体的平均盖重量分别比在同浓度镉胁迫下原菌株 J 子实体平均盖重量增加了 24.9%、20.6%、13.4%、23.8%、13.7%；第二潮菇子实体的平均盖重量则分别比在同浓度镉胁迫下原菌株 J1 的子实体平均盖重量增加了 14.9%、17.3%、4.3%、23.7%、39.9%；第三潮菇子实体的平均盖重量分别比在同浓度镉胁迫下原菌株 J1 的子实体平均盖重量增加了 11.1%、8.1%、1.4%、4.7%、18.2%。由此表明诱变新菌株 J37 在镉胁迫下，三个潮次

生长过程的子实体的盖重量都优于原菌株 J1。就第三潮子实体而言，在 40 mg/kg 的镉胁迫浓度下，虽然诱变新菌株 J37 盖重量与同浓度胁迫下第一潮子实体相比降幅达 37.1%，但仍然比原菌株 J1 在同浓度镉胁迫下第三潮子实体盖重量 0.297 g 多 18.2%。

（二）镉胁迫对不同生长潮次姬松茸子实体盖厚度的影响

表 5-1 显示，在 0 mg/kg、10 mg/kg、20 mg/kg、30 mg/kg、40 mg/kg 的镉浓度胁迫下，新菌株 J37 的第一潮菇子实体的平均盖厚度分别比在同浓度镉胁迫下原菌株 J1 的子实体平均盖厚度增加了 2.2%、8.0%、3.1%、35.1%、36.1%；而 J37 第二潮菇子实体的平均盖厚度分别比在同浓度镉胁迫下原菌株 J1 的子实体平均盖厚度增加了 14.9%、17.28%、4.27%、23.71%、39.93%；J37 的第三潮菇子实体的平均盖厚度分别比在同浓度镉胁迫下原菌株 J1 的子实体平均盖厚度增厚了 6.9%、13.9%、17.6%、23.5%、31.7%；由此表明诱变新菌株 J37 在镉胁迫下，三个潮次生长过程的子实体的盖厚度都优于原菌株 J1。就第三潮子实体而言，在 40 mg/kg 的镉胁迫浓度下，虽然诱变新菌株 J37 盖厚度与同浓度胁迫下第一潮子实体相比降幅达 35.7%，但仍然比原菌株 J1 在同浓度镉胁迫下第三潮子实体盖厚度 0.410 cm 多 31.7%。

（三）镉胁迫对不同生长潮次姬松茸子实体盖直径的影响

表 5-1 显示，在 0 mg/kg、10 mg/kg、20 mg/kg、30 mg/kg、40 mg/kg 的镉浓度胁迫下，新菌株 J37 的第一潮菇子实体的平均盖直径分别比在同浓度镉胁迫下原菌株 J1 的子实体平均盖直径长 16.7%、21.2%、27.9%、24.3%、29.0%；新菌株 J37 的第二潮菇子实体的平均盖直径分别比在同浓度镉胁迫下原菌株 J1 的子实体平均盖直径长 10.3%、20.8%、29.2%、12.1%、13.6%；新菌株 J37 的第三潮菇子实体的平均盖直径分别比在同浓度镉胁迫下原菌株 J1 的子实体平均盖直径长 21.4%、26.3%、26.5%、13.0%、4.1%；由此表明诱变新菌株 J37 在镉胁迫下，三个潮次生长过程的子实体的盖直径都优于原菌株 J1。就第三潮子实体而言，在 40 mg/kg 的镉胁迫浓度下，虽然诱变新菌株 J37 盖直径与同浓度胁迫下第一潮子实体相比降幅达 29.7%，但仍然比原菌株 J1 在同浓度镉胁迫下第三潮子实体盖直径 0.900 cm 多 4.11%。

表5-1　不同镉胁迫处理对姬松茸生长及其主要农艺性状的影响

潮次	镉浓度(mg/g)	盖重量(g)		柄重量(g)		盖厚度(cm)		柄高度(cm)		盖直径(cm)		柄直径(cm)	
		J1	J37	J1	J37	J1	J37	J1	J37	J1	J37	J1	J37
第一潮	0	0.787±0.068	0.983±0.050	1.152±0.026	1.687±0.313	1.500±0.100	1.533±0.058	5.167±0.551	4.533±0.058	2.000±0.100	2.333±0.208	0.800±0.100	0.867±0.115
	10	0.723±0.027	0.872±0.050	0.955±0.038	1.560±0.362	1.293±0.057	1.397±0.049	4.900±0.361	4.267±0.058	1.733±0.058	2.100±0.100	0.700±0.100	0.733±0.058
	20	0.672±0.036	0.762±0.050	0.833±0.022	1.318±0.308	1.210±0.020	1.247±0.047	4.767±0.404	4.033±0.058	1.433±0.058	1.833±0.058	0.567±0.047	0.600±0.017
	30	0.526±0.016	0.651±0.050	0.622±0.036	0.977±0.095	0.753±0.040	1.017±0.006	4.533±0.379	3.837±0.050	1.233±0.058	1.533±0.115	0.460±0.044	0.523±0.015
	40	0.491±0.001	0.558±0.057	0.478±0.010	0.817±0.052	0.617±0.047	0.840±0.036	4.067±0.153	3.617±0.031	1.033±0.058	1.333±0.058	0.357±0.015	0.430±0.026
第二潮	0	0.653±0.013	0.750±0.027	1.036±0.059	1.420±0.204	1.033±0.058	1.133±0.058	4.167±0.058	4.233±0.058	1.843±0.049	2.033±0.058	0.800±0.100	0.867±0.115
	10	0.573±0.020	0.672±0.050	0.855±0.038	1.193±0.080	0.929±0.006	1.030±0.010	3.367±0.321	3.800±0.100	1.567±0.058	1.893±0.059	0.700±0.100	0.733±0.058
	20	0.539±0.037	0.562±0.050	0.733±0.022	1.051±0.040	0.721±0.002	0.963±0.050	3.100±0.173	3.567±0.058	1.233±0.058	1.593±0.031	0.567±0.047	0.600±0.017

（续表）

潮次	镉浓度(mg/g)	盖重量(g)		柄重量(g)		盖厚度(cm)		柄高度(cm)		盖直径(cm)		柄直径(cm)	
		J1	J37	J1	J37	J1	J37	J1	J37	J1	J37	J1	J37
第二潮	30	0.426±0.016	0.527±0.025	0.525±0.032	0.850±0.047	0.573±0.015	0.830±0.026	2.843±0.064	3.400±0.075	1.100±0.000	1.233±0.058	0.460±0.044	0.563±0.038
	40	0.303±0.009	0.424±0.014	0.406±0.003	0.683±0.006	0.467±0.015	0.640±0.036	2.603±0.050	3.140±0.056	0.933±0.058	1.060±0.053	0.310±0.010	0.530±0.026
第三潮	0	0.585±0.048	0.650±0.027	0.903±0.002	1.120±0.105	0.873±0.025	0.933±0.058	3.840±0.026	4.033±0.058	1.510±0.010	1.833±0.153	0.667±0.058	0.767±0.115
	10	0.529±0.036	0.572±0.050	0.755±0.038	1.060±0.039	0.729±0.006	0.830±0.010	3.133±0.153	3.533±0.058	1.367±0.058	1.727±0.116	0.600±0.036	0.667±0.058
	20	0.442±0.039	0.448±0.032	0.633±0.022	0.969±0.009	0.621±0.002	0.730±0.035	2.967±0.058	3.267±0.058	1.233±0.058	1.560±0.087	0.510±0.026	0.587±0.012
	30	0.408±0.005	0.427±0.025	0.505±0.004	0.773±0.012	0.510±0.010	0.630±0.026	2.750±0.072	3.020±0.066	1.033±0.058	1.167±0.058	0.403±0.025	0.490±0.010
	40	0.297±0.005	0.351±0.011	0.416±0.003	0.593±0.015	0.410±0.010	0.540±0.036	2.437±0.023	2.913±0.029	0.900±0.000	0.937±0.015	0.287±0.015	0.470±0.020

（四）镉胁迫对不同生长潮次姬松茸子实体柄重量的影响

表5-1显示，在 0 mg/kg、10 mg/kg、20 mg/kg、30 mg/kg、40 mg/kg 的镉浓度胁迫下，新菌株 J37 的第一潮菇子实体的平均柄重量分别比在同浓度镉胁迫下原菌株 J1 的子实体平均柄重量重 46.4%、63.4%、58.2%、57.1%、70.9%；J37 的第二潮菇子实体的平均柄重量分别比在同浓度镉胁迫下原菌株 J1 的子实体平均柄重量重 37.1%、39.5%、43.4%、61.9%、68.2%；J37 的第三潮菇子实体的平均柄重量分别比在同浓度镉胁迫下原菌株 J1 的子实体平均柄重量重 24.1%、40.4%、53.1%、53.1%、42.6%；由此表明诱变新菌株 J37 在镉胁迫下，三个潮次生长过程的子实体的柄重量都优于原菌株 J1。就第三潮子实体而言，在 40 mg/kg 的镉胁迫浓度下，虽然诱变新菌株 J37 柄重量与同浓度胁迫下第一潮子实体相比降幅达 27.4%，但仍然比原菌株 J1 在同浓度镉胁迫下第三潮子实体柄重量 0.416 g 多 42.6%。

（五）镉胁迫对不同生长潮次姬松茸子实体柄高度的影响

表5-1显示，在 0 mg/kg、10 mg/kg、20 mg/kg、30 mg/kg、40 mg/kg 的镉浓度胁迫下，新菌株 J37 的第一潮菇子实体的平均柄高度分别比在同浓度镉胁迫下原菌株 J1 的子实体平均柄高度低 12.3%、12.9%、15.4%、15.4%、11.1%；J37 的第二潮菇子实体的平均柄高度分别比在同浓度镉胁迫下原菌株 J1 的子实体平均柄高度高 14.9%、17.3%、4.3%、23.7%、39.9%；J37 的第三潮菇子实体的平均柄高度分别比在同浓度镉胁迫下原菌株 J1 的子实体平均柄高度高 6.9%、13.9%、17.6%、23.5%、31.7%；由此表明诱变新菌株 J37 在镉胁迫下，后两个潮次生长过程的子实体的柄高度都优于原菌株 J1。就第三潮子实体而言，在 40 mg/kg 的镉胁迫浓度下的虽然诱变新菌株 J37 柄高度与同浓度胁迫下第一潮子实体相比降幅达 40.1%，但仍然比原菌株 J1 在同浓度镉胁迫下第三潮子实体柄高度 2.437 cm 高了 19.5%。

（六）镉胁迫对不同生长潮次姬松茸子实体柄直径的影响

表5-1显示，在 0 mg/kg、10 mg/kg、20 mg/kg、30 mg/kg、40 mg/kg 的镉浓度胁迫下，新菌株 J37 的第一潮菇子实体的平均柄直径分别比在同浓度镉胁迫下原菌株 J1 的子实体平均柄直径长 8.4%、4.7%、5.8%、13.7%、20.5%；J37 的第二潮菇子实体的平均柄直径分别比在同浓度镉胁迫下原菌株 J1 的子实体平均柄直径长

1.6%、12.9%、15.1%、19.6%、20.6%；J37 的第三潮菇子实体的平均柄直径分别比在同浓度镉胁迫下原菌株 J1 的子实体平均柄直径长 5.0%、12.8%、10.1%、9.8%、19.5%；由此表明诱变新菌株 J37 在镉胁迫下，三个潮次生长过程的子实体的柄直径都优于原菌株 J1。就第三潮子实体而言，在 40 mg/kg 的镉胁迫浓度下，虽然诱变新菌株 J37 柄直径与同浓度胁迫下第一潮子实体相比降幅达 19.6%，但仍然比原菌株 J1 在同浓度镉胁迫下第三潮子实体柄直径 0.287 cm 长 63.8%。

二、镉胁迫对姬松茸不同潮次产量的影响

由图 5-1 可知，J1 和 J37 两种姬松茸第一、二、三潮次产量随着镉浓度逐渐增大而减小，镉浓度和产量之间呈现出负相关趋势，说明高浓度的镉胁迫会抑制姬松茸的生长。第一潮次中，J1 和 J37 的回归方程分别为 $y = -3.904\ 8x^2 - 17.771x + 290.13$ 和 $y = -6.857\ 1x^2 - 14.59x + 383.8$。在 0 mg/kg、10 mg/kg、20 mg/kg、30 mg/kg、40 mg/kg 不同浓度镉胁迫下，J37 比原菌株 J1 产量分别高 32.5%、45.1%、31.0%、38.2%、36.5%，表明 J37 产量显著高于 J1。镉浓度为 10 mg/kg 时，姬松茸 J37 产量增加率最大，达 45.09%。第二潮次中，J1 和 J37 的回归方程分别为 $y = -1.523\ 8x^2 - 6.657\ 1x + 111.53$ 和 $y = -2.666\ 7x^2 - 5.466\ 7x + 147.73$，同一镉浓度下，J37 产量分别比 J1 高 32.7%、44.7%、31.1%、38.1%、35.6%，镉浓度为 10 mg/kg 时，姬松茸产量增加率最大。第三潮次中，J1 和 J37 的回归方程分别为 $y = -1.142\ 9x^2 - 1.676\ 2x + 58.533$ 和 $y = -0.571\ 4x^2 - 2.838\ 1x + 44.6$，在相同的镉浓度胁迫条件下，J37 产量分别比 J1 高 32.6%、47.1%、32.3%、39.2%、36.1%，镉浓

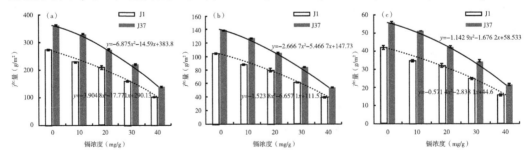

图 5-1　不同镉胁迫浓度处理对姬松茸不同潮次子实体产量的影响

注：a、b 和 c 分别表示镉胁迫浓度处理对姬松茸第一、二和三潮次子实体产量的影响。

度为 10 mg/kg时，J37 产量依然保持较好生长势头，与第一潮次和第二潮次结果相一致，显示较好的耐镉的产量效应与生长潜力。

三、镉胁迫对不同潮次姬松茸子实体粗蛋白含量的影响

由图 5-2 可知，在第一、二、三潮次中，镉浓度在 0～40 mg/kg 范围依次增加时，J1 和 J37 两种姬松茸子实体的粗蛋白含量依次递减，呈现出负相关趋势，说明镉能够抑制姬松茸细胞内的蛋白质合成途径。且在三个潮次中同一镉浓度下，J37 的粗蛋白含量均高于 J1。第一潮次中，J1 和 J37 的回归方程分别为 $y = -0.428\,6x^2 - 0.428\,6x + 40.8$ 和 $y = -0.476\,2x^2 - 0.476\,2x + 45.6$，在 0、10 mg/kg、20 mg/kg、30 mg/kg、40 mg/kg 不同浓度镉胁迫下，J37 子实体的粗蛋白含量分别比 J1 高 12.50%、10.53%、11.11%、14.59%、10.71%，镉浓度为 30 mg/kg 时，粗蛋白含量仍有 14.6% 增长率。在第二潮次中，J1 和 J37 的回归方程分别为 $y = -0.333\,3x^2 - 0.666\,7x + 38.867$ 和 $y = -0.071\,4x^2 - 2.471\,4x + 43.4$，J37 比 J1 粗蛋白含量分别高 7.89%、5.56%、3.95%、5.33%、7.41%，相较于第一潮次，粗蛋白增长率明显下降。第三潮次中，J1 和 J37 的回归方程分别为 $y = 0.238\,1x^2 - 5.161\,9x + 43.8$ 和 $y = 0.047\,6x^2 - 4.019x + 44.4$，J37 子实体的粗蛋白含量分别比 J1 高 3.4%、7.7%、6.5%、7.7%、6.9%，J37 平均粗蛋白含量则依然显示略高于 J1。

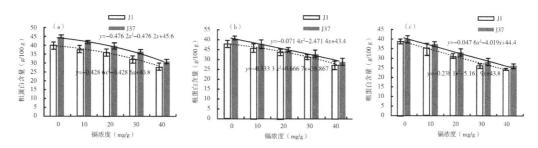

图 5-2　不同镉胁迫浓度处理对姬松茸不同潮次子实体粗蛋白含量的影响

注：a、b 和 c 分别表示镉胁迫浓度处理对姬松茸第一、二和三潮次子实体粗蛋白含量的影响。

四、镉胁迫对不同潮次姬松茸子实体多糖含量的影响

由图 5-3 可知，镉浓度在 0～40 mg/kg 范围递增时，J1 和 J37 姬松茸子实体多

糖含量随之下降，表现出负相关的趋势，表明高浓度的镉胁迫会抑制姬松茸子实体多糖的合成。在第一潮次中，J1 和 J37 的回归方程分别为 $y = 0.014\ 3x^2 - 0.645\ 7x + 6.2$ 和 $y = 0.076\ 2x^2 - 1.203\ 8x + 7.68$，J37 子实体的多糖含量分别比 J1 分别高 18.7%、9.8%、9.1%、8.1%、5.9%，镉浓度为 0 时，J37 子实体的多糖含量最高。第二潮次中，J1 和 J37 的回归方程为 $y = -0.045\ 2x^2 - 0.265\ 2x + 5.62$ 和 $y = 0.092\ 9x^2 - 1.267\ 1x + 7.4$，镉浓度为 0 mg/kg、10 mg/kg、30 mg/kg、40 mg/kg 时，J37 子实体的多糖含量分别比 J1 高 17.0%、8.2%、1.9%、6.3%，而镉浓度为 20 mg/g 时，J1 多糖含量反而比 J37 高 8.2%，说明镉浓度从 10 mg/g 增加到 20 mg/g 时，J37 多糖含量下降率达 17.0%，在第二潮次中降幅比较大，可以推测 J37 第二潮次子实体多糖代谢途径对 10～20 mg/kg 这一镉浓度区间较为敏感。第三潮次中，J1 和 J37 的回归方程分别为 $y = -0.05x^2 - 0.31x + 5.52$ 和 $y = 0.1x^2 - 1.32x + 7.32$，镉浓度为 0 mg/kg、10 mg/kg、30 mg/kg、40 mg/kg 时，J37 子实体的多糖含量分别比 J1 高 19.6%、6.3%、12.1%、14.3%，镉浓度为 20 mg/g 时，J1 和 J37 多糖含量相等，均为 4.20 g/100 g。就姬松茸子实体多糖含量而言，J1 与 J37 受镉胁迫的影响几乎相近，J37 没有显示出更强的多糖转化与累积能力。

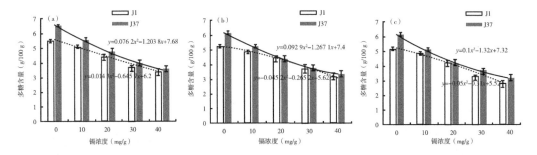

图 5-3　不同镉胁迫浓度处理对姬松茸不同潮次子实体多糖含量的影响

注：a、b 和 c 分别表示镉胁迫浓度处理对姬松茸第一、二和三潮次子实体多糖含量的影响。

五、镉胁迫对不同潮次姬松茸子实体镉含量的影响

由图 5-4 可知，在第一、二、三潮次中，镉浓度从镉浓度在 0～40 mg/kg 范围依次增加时，J1 和 J37 两种姬松茸子实体的镉富集量依次增加，呈正相关趋势，且 J1 的镉富集量均高于 J37。同一镉浓度下，J1 和 J37 第一、二、三潮次子实体的镉

富集量均呈现逐渐下降。在第一潮次中，J1 和 J37 的回归方程为 $y=0.342\,9x^2-0.557\,1x+7.92$ 和 $y=0.104\,3x^2+1.328\,3x+1.754$，J1 的镉富集量分别比 J37 高 145.4%、58.5%、60.3%、16.6%、27.8%，镉浓度 0 mg/kg 时，J1 的镉富集量已达 7.6 mg/kg，远高于 J37 的镉富集量。第二潮次中，J1 和 J37 的回归方程为 $y=0.135\,7x^2+0.315\,7x+6.34$ 和 $y=0.090\,5x^2+1.030\,5x+1.86$，J1 的镉富集量分别比 J37 高 139.3%、60.4%、60.4%、27.4%、22.6%。第三潮次 J1 和 J37 的回归方程为 $y=0.078\,6x^2+0.558\,6x+4.96$ 和 $y=0.090\,5x^2+1.030\,5x+1.86$，J1 的镉富集量分别比 J37 高 110.3%、32.6%、52.0%、25.4%、12.8%，显示了 J37 抵制镉吸收的能力强于 J1，是一个较好耐镉品种。

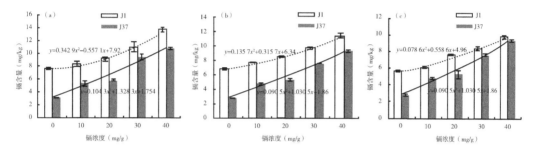

图 5-4　不同镉胁迫浓度处理对姬松茸不同潮次子实体镉含量的影响

注：a、b 和 c 分别表示镉胁迫浓度处理对姬松茸第一、二和三潮次子实体镉含量的影响。

六、镉胁迫下施用不同浓度 $CaSO_4$ 对子实体产量的影响

图 5-5a 显示，J1 和 J37 经过 10 mg/kg 镉胁迫处理，并施用 0 mg/kg、15 mg/kg、30 mg/kg、45 mg/kg、60 mg/kg 的 $CaSO_4$，J1 和 J37 两种姬松茸产量表现出先上升后下降的趋势；J1 和 J37 回归方程分别为 $y=-9.571\,4x^2+79.962x+143$ 和 $y=-5.881x^2+41.652x+462.27$，J37 子实体的产量分别比 J1 高 122.8%、117.0%、73.0%、69.7%、75.3%，施用 45 mg/kg 的 $CaSO_4$ 对镉胁迫毒害的缓解作用最佳，J1 和 J37 的产量分别为 326.67 g/m² 和 554.33 g/m²。J37 受 10 mg/kg 的镉胁迫处理，施用 0~60 mg/kg 的 $CaSO_4$ 对 J37 子实体的产量影响较小，产量最大值与最小值相差 52.33 g/m²。添加 15 mg/kg 的 $CaSO_4$ 后，J37 产量与 0 mg/kg 的 $CaSO_4$ 相比，下降了 6 g/m²，降幅 1.2%，说明不施钙肥与添加 15 mg/kg 的 $CaSO_4$ 对 J37 姬松茸

子实体的产量影响效果不显著。

图5-5b 显示，J1 和 J37 经过 20 mg/kg 镉胁迫处理，并施用 0 mg/kg、15 mg/kg、30 mg/kg、45 mg/kg、60 mg/kg 的 $CaSO_4$，J1 和 J37 两种姬松茸产量呈现出先增大后减小的趋势。施用 45 mg/kg 的 $CaSO_4$ 对镉胁迫毒害的缓解作用最明显，此时 J1 和 J37 产量达到最大值，回归方程分别为 $y = -3.1667x^2 + 20.433x + 299.27$ 和 $y = -2.9762x^2 + 20.757x + 399.13$，施用不同浓度的 $CaSO_4$，J37 产量比 J1 产量高 31.6%、31.1%、31.2%、31.0%、33.2%。

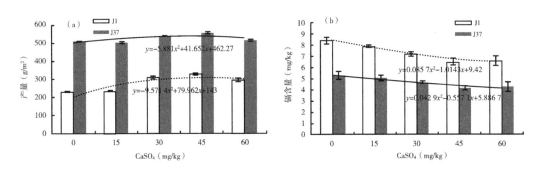

图5-5　镉胁迫处理后施用 $CaSO_4$ 对姬松茸子实体产量的影响

注：a 和 b 分别表示 10 mg/kg 和 20 mg/kg 镉胁迫处理后施用 $CaSO_4$ 对子实体产量的影响。

七、镉胁迫下施用不同浓度 $CaSO_4$ 对子实体镉含量的影响

图5-6a 显示，J1 和 J37 经过 10 mg/kg 镉胁迫处理，并施用 0 mg/kg、15 mg/kg、30 mg/kg、45 mg/kg、60 mg/kg 的 $CaSO_4$，J1 和 J37 两种姬松茸镉富集量均随着 $CaSO_4$ 浓度的升高而呈现下降的趋势，表明 $CaSO_4$ 对镉富集具有显著的缓解作用。J1 和 J37 的回归方程分别为 $y = 0.0857x^2 - 1.0143x + 9.42$ 和 $y = 0.0429x^2 - 0.5571x + 5.8867$，不同镉胁迫浓度下，J1 的镉富集量分别比 J37 高 58.5%、55.9%、54.3%、57.3%、54.7%，说明施钙对 J37 的防控效果较好，其子实体镉含量明显低于 J1。

图5-6b 显示，J1 和 J37 经过 20 mg/kg 镉胁迫处理，并施用 0 mg/kg、15 mg/kg、30 mg/kg、45 mg/kg、60 mg/kg 的 $CaSO_4$，姬松茸 J1 和 J37 的镉富集量变化则呈现了先减小后增大的趋势，在 $CaSO_4$ 浓度为 45 mg/kg 时，J1 和 J37 镉

富集量最低，分别为 7.83 mg/kg 和 4.60mg/kg，对镉胁迫的毒害缓解作用最好。施用 45 mg/kgCaSO$_4$ 时，J1、J37 姬松茸镉富集量分别比不施 CaSO$_4$ 处理低 14.9%，17.9%，镉胁迫的毒害缓解作用良好。J1 和 J37 的回归方程分别为 $y = 0.166\ 7x^2 - 1.22x + 10.38$ 和 $y = 0.131x^2 - 0.929x + 6.4467$，J1 镉富集量比 J37 高 64.3%、71.0%、67.1%、70.3%、66.5%，表明在施钙措施条件下，J37 的镉富集量明显低于 J1。

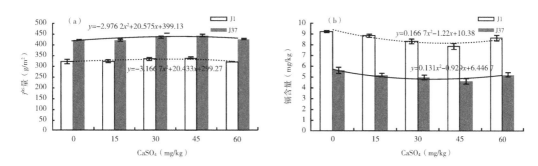

图 5-6　镉胁迫处理后施用 CaSO$_4$ 对姬松茸子实体镉含量的影响

注：a 和 b 分别表示 10 mg/kg 和 20 mg/kg 镉胁迫处理后施用 CaSO$_4$ 对子实体镉含量的影响。

本研究发现，姬松茸子实体的柄长度、盖厚度与子实体高度则为从属关系，而且盖量、柄量与子实体单个重量之间也为从属关系，所以子实体柄长度、盖厚度、盖重量和柄重量的变化与子实体重量、高度变化趋势相似。将 J1、J37 两菌株子实体农艺性状分别与外源镉胁迫浓度处理进行相关性分析的结果显示：①J1 与 J37 子实体各农艺性状受外源镉浓度影响明显，两者之间均呈极显著负相关；②随着外源镉浓度的增加，J1、J37 两个菌株子实体生长明显受到镉胁迫的抑制作用，即镉胁迫浓度越高则影响越大；③就各农艺性状与外源镉胁迫浓度之间的相关性而言，则是 J1 子实体受影响程度大于 J37 子实体；④由相关性系数分析显示，各生长指标均呈下降趋势，且 J1 子实体各农艺性状降低幅度均大于 J37 子实体；⑤就两个姬松茸品种而言，J1 子实体生长受到镉的抑制程度大于 J37 子实体。根据试验结果可知，姬松茸生长过程，单株子实体重量（盖重量+柄重量）可以作为直观的判断指标，其是生产实践的关键农艺要素，盖直径与柄直径也可以供生产管理者作为判断姬松茸是否受镉毒害的参考指标。

姬松茸生长过程对镉较为敏感已为生产实践所证实（陈智慧等，2008；苏家杰等，2020），要防控姬松茸镉超标，避免由于镉污染造成危害与损失，要着力选育低镉姬松茸新品种，与此同时还要探讨并阐明姬松茸生长过程镉吸收与富集机理，重点是探明姬松茸高产性——耐镉性之间的内在关系，包括明确姬松茸抗镉能力与动态响应是至关重要的，其对有效选育并筛选判别则具有重要参考价值（施巧琴等，1991；刘高翔等，2012）。本试验研究表明，在 10 mg/kg 镉胁迫浓度之时，对姬松茸农艺性状、产量、镉含量开始产生一定的影响，但耐镉的品种（J37）则仍然保持较好生长的势头，这可能是低镉存在的刺激效应而引发的短期行为，短时间内会对 J37 的菌丝、子实体细胞起到刺激作用，一旦镉离子吸收并逐步在子实体内逐步累积，其对相关农艺性状以及产量与菇品质的影响就显现出来了（Melgar et al.，1998），但镉的胁迫和积累对细胞结构是如何影响的，尤其是其实现途径何为，都需要进一步探讨（黄敏敏等，2011；李三暑等，2001）。同时要注重进行多因素相关分析，深入探讨镉的胁迫对姬松茸生长过程酶系统动态变化的影响及其判别指标（李波等，2016），进而有针对性地开展分子生物学研究，确定比较精准的诊断指标，深入开展基础研究并有目的地克隆相关基因，并从基因组水平阐明内在关系（刘高磊，2017），为姬松茸高产、优质、抗逆相统一的育种提供科学依据。就合理施用钙肥对姬松茸受镉胁迫毒害的产生一定的防控作用，人们推测可能是由于姬松茸对元素吸收的选择性或者引发拮抗作用所致，而在姬松茸生长过程钙对镉阻控作用，未见更多的文献报道，本项目正在深入开展相关研究工作，将进一步验证内在机制并后续报道研究进展。

第三节　低重金属富集姬松茸新菌株的辐射选育

姬松茸又名巴西蘑菇，属担子菌纲、伞菌目、蘑菇科、蘑菇属，是一种名贵的食药兼用型真菌。姬松茸具杏仁香味、味纯鲜香、口感脆嫩，不仅是味道独特鲜美与食用价值颇高的食品，而且姬松茸子实体富含多糖、糖蛋白复合体、核酸等生物活性物质，进而具有很高的药用价值（岳丽玲等，2011）。姬松茸原产巴西、秘鲁，是一种夏秋生长的腐生菌，生活在高温、多湿、通风的环境中；该品种引进国内栽培多年，具有较好的适应性与丰产性。20 世纪 90 年代初，福建省率先从日本引进姬松茸品种，由福建省农业科学院引种栽培获得成功（江枝和，1993），此后逐步推广到各地。经过多年发展，姬松茸已成为福建省食用菌产业发展的重要增长点之一。目前，姬松茸产业发展存在品种更新，重金属镉富集致使镉含量超标等问题

（徐丽红等，2010），阻碍了姬松茸的高优生产与出口贸易，影响食品安全与农民增收。选育高产、优质、低重金属含量的姬松茸新品种，是亟待协同攻关的技术难题之一，其深入探索与技术突破将对于姬松茸产业的高质量绿色发展具有重要意义。姬松茸镉富集与影响因素及其响应机制研究取得一定的进展与成效；黄建成等（2006 和 2008）探讨了姬松茸镉累积特性，阐述了镉胁迫对菌丝及子实体生长发育的影响；杨春香等（2004）系统开展了镉对姬松茸菌丝生长影响的研究；徐丽红等阐述姬松茸对有害重金属镉的吸收富集规律并研究了控制技术；江枝和（2003）、刘朋虎（2012）等先后开展了 ^{60}Co 辐射诱变姬松茸突变株选育及其子实体营养评价研究，并成功获得产量高且镉含量相对较低的姬松茸新菌株。本研究以姬松茸菌株 J1 为出发菌株，采用 ^{60}Co 辐射诱变技术进行不同辐射剂量梯度处理，通过对不同辐射剂量梯度处理的菌丝显微结构观察、分子标记验证和栽培试验对比，选育高产优质的姬松茸新菌株，以期为姬松茸新品种选育及其绿色生产提供参考与借鉴。

一、姬松茸 J37 的选育过程

将姬松茸菌株 J1 转接到 PDA 培养基试管上，置于 23～26 ℃条件之下培养，菌丝满管 1 周后进行 ^{60}Co 辐射，辐射剂量为 0.25 KGy、0.50 KGy、0.75 KGy、1.00 KGy、1.25 KGy、1.50 KGy、1.75 KGy、2.00 KGy，剂量率为 11.36 Gy/min。将经过 ^{60}Co 照射后的菌丝试管于 26 ℃培养箱再培养 3 d，转接到 PDA 试管中于 23～26 ℃继续培养，观察菌丝致死（全部干瘪）及其半致死（一半干瘪）状况并分别明确其原先相对应的辐射剂量。在半致死剂量条件下再辐照 10 支，辐射后转管培养，连续转接 4 次，每次转接培养 300 根，挑选菌丝生长均匀、粗壮、扭结点多，且与原菌株差异明显的菌株进行后续的栽培试验与筛选，同时进行菌丝超微结构、SSR 标记验证试验，并通过产量、品质、低重金属含量等主要参数的比较及其综合评价，选出姬松茸新菌株 J37。

二、生长潮次对姬松茸 J37 农艺性状的影响

（一）不同生长潮次对姬松茸 J37 子实体朵重量的影响

表 5-2 显示，辐射诱变新菌株 J37 的第一潮菇、第二潮菇、第三潮菇和第四潮菇

的子实体平均朵重，比原菌株 J1 的子实体平均朵重高 46.81%、42.45%、42.06% 和 36.84%，差异达极显著水平。由此表明在朵重方面，诱变新菌株 J37 从第一潮收获的子实体开始至第四潮都优于原菌株 J1。无论是 J37 还是原菌株 J1，其子实体朵重量都呈现逐步降低的趋势，就第四潮子实体而言，虽然 J37 朵重量与第一潮子实体相比降幅达 52.23%，但仍然比原菌株 J1 第三潮子实体 11.38 g 还高 10.9%。

（二）不同生长潮次对 J37 子实体盖重量的影响

表 5-2 显示，辐射诱变新菌株 J37 的第一潮菇、第二潮菇、第三潮菇和第四潮菇子实体的平均盖重量分别比原菌株 J1 的子实体平均盖重量重 61.68%、71.05%、73.78% 和 74.60%，差异达到极显著水平。由此表明诱变新菌株 J37，在四个潮次生长过程的子实体的盖重量都优于原菌株 J1。就第四潮子实体而言，虽然诱变新菌株 J37 盖重量与第一潮子实体相比降幅达 36.42%，但仍然比原菌株 J1 第一潮子实体盖重量 10.70 g 还高 2.8%。

（三）不同生长潮次对 J37 子实体盖直径的影响

表 5-2 显示，辐射诱变新菌株 J37 的第一潮菇、第二潮菇、第三潮菇和第四潮菇子实体的平均盖直径分别比原菌株 J1 的子实体平均盖直径大 22.86%、39.28%、37.50% 和 8.57%，差异达到显著水平。由此表明诱变新菌株 J37，在四个生长潮次过程的子实体盖直径都优于原菌株 J1。就第四潮子实体而言，虽然诱变新菌株 J37 盖直径与第一潮子实体相比降幅达 13.16%，但依然略高于原菌株 J1 第一潮子实体盖直径。

（四）不同生长潮次对 J37 子实体盖厚度的影响

表 5-2 显示，辐射诱变的姬松茸新菌株 J37 的第一潮菇、第二潮菇、第三潮菇和第四潮菇子实体的平均盖厚度分别比原菌株 J1 的子实体平均盖厚度高 20.00%、46.55%、15.38% 和 32.08%，差异达到显著水平。由此表明诱变新菌株福 J37，在四个生长潮次过程的子实体盖厚度都优于原菌株 J1。就第四潮子实体而言，虽然诱变新菌株 J37 盖厚度与第一潮子实体相比降幅达 22.0%，但仍然与原菌株 J1 第一潮子实体盖厚度接近，无显著的差异。

（五）不同生长潮次对 J37 子实体盖高度的影响

表 5-2 显示，辐射诱变新菌株 J37 的第一潮菇、第二潮菇、第三潮菇和第四潮

表 5-2　不同生长潮次对姬松茸 J37 菌株农艺性状的影响

潮次	品种	朵重量 (g)	盖重量 (g)	盖直径 (cm)	盖厚度 (cm)	盖高度 (cm)	柄重量 (g)	柄直径 (cm)	柄长度 (cm)
1	J1	(18.00± 1.00) cC	(10.70± 0.35) dD	(3.50± 0.20) cdBC	(0.75± 0.10) bABC	(2.40± 0.05) cdCD	(8.40± 0.05) cdCD	(1.65± 0.10) cBCD	(8.20± 0.10) cC
1	J37	(26.42± 0.42) aA	(17.30± 0.30) aA	(4.30± 0.30) aA	(0.90± 0.05) aA	(3.20± 0.10) aA	(9.20± 0.10) aA	(2.20± 0.10) aA	(5.65± 0.10) eE
2	J1	(16.65± 0.65) dD	(7.60± 0.20) fE	(2.80± 0.20) eD	(0.58± 0.10) cDE	(2.31± 0.29) cdCD	(7.31± 0.29) eE	(1.55± 0.10) cdCD	(9.86± 0.05) aA
2	J37	(23.71± 0.21) bB	(13.00± 0.20) cC	(3.93± 0.15) bAB	(0.85± 0.05) abAB	(2.80± 0.10) bB	(8.80± 0.10) bB	(1.86± 0.51) bB	(6.45± 0.20) dD
3	J1	(11.38± 0.08) fD	(8.20± 0.20) eE	(3.20± 0.20) dCD	(0.60± 0.05) cCDE	(2.40± 0.10) cdCD	(7.40± 0.10) eE	(1.45± 0.10) deDE	(8.70± 0.10) bB
3	J37	(16.17± 0.17) dD	(14.25± 0.25) bB	(4.30± 0.10) aA	(0.75± 0.05) bABC	(3.20± 0.20) aA	(8.20± 0.20) dD	(1.70± 0.10) cBC	(6.58± 0.25) dD
4	J1	(9.22± 0.22) gG	(6.30± 0.30) gF	(3.40± 0.17) dC	(0.53± 0.03) cE	(2.20± 0.09) dD	(8.20± 0.09) dD	(1.30± 0.10) eE	(8.10± 0.10) cC
4	J37	(12.62± 0.50) eE	(11.00± 0.20) dD	(3.80± 0.10) bcBC	(0.70± 0.10) bBCD	(2.55± 0.05) cBC	(8.55± 0.05) cBC	(1.55± 0.05) cdCD	(5.30± 0.10) fF

注：小写字母表示存在显著差异，大写字母表示存在极显著差异；下同。

菇子实体的平均盖高度分别比原菌株 J1 的子实体平均盖高度高 29.16%、17.40%、33.33% 和 16.82%，差异达到显著水平。由此表明诱变新菌株 J37，在四个生长潮次过程的子实体盖高度都优于原菌株 J1。就第四潮子实体而言，虽然诱变新菌株 J37 盖高度与第一潮子实体相比降幅达 19.35%，但仍然比原菌株 J1 第一潮子实体盖厚度还高 4.16%。

（六）不同生长潮次对 J37 的子实体柄重量的影响

表 5-2 显示，辐射诱变新菌株 J37 的第一潮菇和第二潮菇子实体的平均柄重分别比原菌株 J1 的子实体平均柄重高 8.33%、19.17%、10.81%、4.17%，差异不显著。就第四潮子实体而言，虽然诱变新菌株 J37 与第一潮子实体柄重量相比降幅达 8.33%，但仍然比原菌株 J1 第一潮子实体柄重量还高 1.19%。

（七）不同生长潮次对 J37 子实体柄直径的影响

表 5-2 显示，辐射诱变新菌株 J37 的第一潮菇、第二潮菇、第三潮菇和第四潮菇子实体的平均柄直径分别比原菌株 J1 的子实体平均柄直径大 27.27%、20.65%、17.24% 和 15.8%，差异达到显著水平。由此表明诱变新菌株 J37，在柄直径方面优于原菌株 J1。从第一潮开始到第四潮，新菌株 J37、原菌株 J1 都呈现下降趋势，且下降幅度分别为 28.57%、26.92%。

（八）不同生长潮次对 J37 的子实体柄长度的影响

表 5-2 显示，原菌株 J1 的第一潮菇、第二潮菇、第三潮菇和第四潮菇子实体的平均柄长度分别比辐射诱变新菌株 J37 的子实体平均柄长度长 30.24%、36.67%、21.26% 和 34.57%，差异达到显著水平。由此表明诱变新菌株 J37，在柄长度方面短于原菌株 J1。就柄长度变化而言，从第一潮开始新菌株 J37、原菌株 J1 都呈现先高后低的趋势，且柄长度则分别依次为第二潮、第三潮为较高值。

三、生长代数对姬松茸 J37 产量与品质的影响

（一）不同生长代数对姬松茸 J37 子实体产量的影响

图 5-7 显示，姬松茸新菌株 J37 的第一代至第六代子实体的产量均明显高于分

别比原菌株 J1，前者分别比后者高 30.1%、29.7%、24.2%、27.5%、33.0% 和 29.3%，子实体产量平均高近 28.9%，且两者间差异达到显著水平。由此表明姬松茸新菌株 J37 在产量方面优于原菌株 J1。新菌株 J37 从第一代开始的子实体产量（2 342 g/m²）就优于原菌株 J1（1 800 g/m²），从第一代栽培到第六代，新菌株 J37 则一直保持平稳的不减的势头，其第六代产量达到 2 280 g/m²，而原菌株 J1 则显示先略有下降，随后又恢复的趋势，其第六代产量为 1 763 g/m²。很显然，就 J37、J1 而言，其品种（菌株）的产量特性是比较稳定的，只是 J37 显示了其高产性能优于 J1，或许 J1 已经产生产量种性退化的可能，进而需要更新换代。

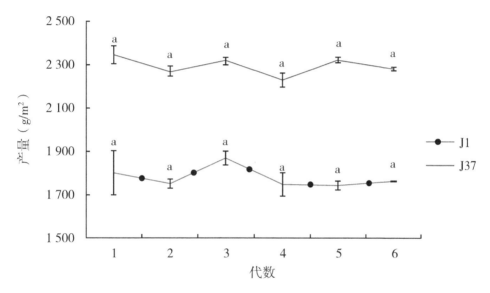

图 5-7　不同生长代数对 J37 子实体产量的影响

注：小写字母表示在 0.05 水平上的差异显著性。

（二）不同生长代数对姬松茸 J37 子实体的必需氨基酸总量的影响

表 5-3 显示，辐射诱变新菌株 J37 的第一潮菇、第二潮菇、第三潮菇和第四潮菇子实体的必需氨基酸总量分别比原菌株 J1 的子实体必需氨基酸总量高 11.54%、12.42%、14.66% 和 15.92%。由此表明诱变新菌株 J37，在必需氨基酸总量方面优于原菌株 J1。就子实体必需氨基酸总量而言，从第一潮到第四潮，新菌株 J37 呈现前高后低的趋势，新菌株 J37 第一潮的子实体必需氨基酸总量 24.65 g/100 g 就高于原菌株 J1（22.10 g/100 g），到了第四潮新菌株 J37 必需氨基酸总量为 23.30 g/100 g 仍然高于原菌株 J1（20.10 g/100 g），而新菌株 J37、原菌株 J1 都显

示先高后逐步下降的趋势，但前后差异不显著。

表 5-3　不同生长潮次对 J37 中必需氨基酸与重金属含量的影响

潮次	品种	必需氨基酸（g/100 g）	镉 Cd（mg/kg）	铅 Pb（mg/kg）	汞 Hg（mg/kg）	砷 As（mg/kg）
1	J1	（22.20±0.10）dC	（9.20±0.10）aA	（1.08±0.02）aA	（0.38±0.01）dDE	（0.138 0±0.001 0）cC
1	J37	（24.65±0.10）aA	（5.65±0.10）eE	（0.42±0.01）dD	（0.33±0.02）eE	（0.015 2±0.002）gF
2	J1	（21.50±0.07）eD	（8.50±0.07）bB	（0.90±0.05）bAB	（0.65±0.05）bB	（0.141 7±0.002 8）cC
2	J37	（24.45±0.20）aA	（4.45±0.20）fF	（0.41±0.17）deD	（0.41±0.17）dD	（0.036±0.002 0）fE
3	J1	（20.80±0.10）dE	（7.80±0.10）cC	（0.85±0.45）cBC	（0.55±0.03）cC	（0.165 0±0.002 5）bB
3	J37	（23.58±0.25）bB	（3.58±0.25）gG	（0.37±0.01）efDE	（0.37±0.10）deDE	（0.0540±0.002 1）eD
4	J1	（20.10±0.10）eF	（7.10±0.10）dD	（0.83±0.03）cC	（0.73±0.03）aA	（0.165 0±0.005 0）aA
4	J37	（23.30±0.10）cB	（3.30±0.10）hG	（0.34±0.01）fE	（0.54±0.01）cC	（0.054 0s±0.001 0）dD

四、生长潮次对姬松茸 J37 子实体重金属含量的影响

（一）不同生长潮次对 J37 子实体中重金属镉含量的影响

表 5-3 显示，辐射诱变新菌株 J37 的第一潮菇、第二潮菇、第三潮菇和第四潮菇子实体的平均重金属镉含量分别比原菌株 J1 的子实体平均重金属镉含量低37.91%、50.40%、51.26% 和 52.78%，差异达到显著水平。由此表明诱变新菌株J37，在降低重金属镉方面优的性能于原菌株 J1。在实验室栽培条件之下，无论是新菌株 J37，还是原菌株 J1，其子实体镉含量从第一潮到第四潮都呈现从高到低的变化趋势；到了第四潮，子实体镉含量分别到达 3.33 mg/kg、7.52 mg/kg；但就第1~4 潮的子实体镉平均含量而言，与原菌株 J1 相比，新菌株 J37 子实体镉含量则

平均下降了 48.09%。

(二) 不同生长潮次对 J37 子实体中重金属铅含量的影响

表 5-3 显示，辐射诱变新菌株 J37 的第一潮菇、第二潮菇、第三潮菇和第四潮菇子实体的平均重金属铅含量都相对较低，其分别比原菌株 J1 的子实体平均朵重金属铅含量低 62.03%、57.89%、55.30% 和 59.04%，差异达到极显著水平。由此表明诱变新菌株 J37，在重金属铅含量方面明显低于原菌株 J1。从第一潮到第四潮，新菌株 J37 子实体的平均重金属铅含量基本上都维持在 0.383 mg/kg，且保持相对稳定；原菌株 J1 的子实体平均重金属铅含量虽也是保持线性变化关系，但从起点的 1.08 mg/kg 开始，逐步下降到第四潮次的 0.83 mg/kg。就子实体的平均重金属铅含量而言，新菌株 J37 比原菌株 J1 下降了 58.57%。

(三) 不同生长潮次对 J37 子实体中重金属汞含量的影响

表 5-3 显示，辐射诱变新菌株 J37 的第一潮菇子实体的重金属汞平均含量 (0.33 mg/kg) 比原菌株 J1 的子实体平均重金属汞含量 (0.38 mg/kg) 略低，差异不显著。辐射诱变新菌株 J37 的第二潮菇和第三潮菇子实体的平均重金属汞含量分别比原菌株 J1 的子实体平均重金属汞含量降低 38.46% 和 30.91%，差异达到显著水平。辐射诱变新菌株 J37 的第四潮菇子实体的平均金属汞含量比原菌株 J1 的子实体平均重金属汞含量低 26.03%，差异达显著水平。由此表明，诱变新菌 J37，在重金属汞含量方面 (在第 2、3、4 潮时明显) 高于原菌株 J1，在生产栽培之时，需要考虑优化选择栽培原料，力求予以有效防控。

(四) 不同潮次对 J37 子实体中重金属砷含量的影响

GB 2762—2017《食品安全国家标准 食品中污染物限量》中规定，食用菌及其制品中砷的含量应维持在 0.5 mg/kg 以下。表 5-3 显示，辐射诱变新菌株 J37 的第一潮菇、第二潮菇、第三潮菇和第四潮菇子实体的重金属砷平均含量比原菌株 J1 的子实体平均朵重金属砷含量低 89.13%、76.55%、69.09% 和 66.25%，差异达到极显著水平。由此表明诱变新菌株 J37，在重金属砷含量方面比原菌株 J1 平均降低了 75.26%，且低于国家规定的食用菌中砷的含量。

本研究采用 ^{60}Co 辐射诱变技术，成功得到诱变姬松茸高产低重金属的姬松茸新菌株 J37，与原菌株 J1 相比，新菌株 J37 不仅主要农艺性状较为优异、产量相对稳定，高出对照品种 J1 28% 以上，而且子实体中镉、铅、汞、砷等重金属含量显著降低；经过在福建省多个市区试点推广 J37 新菌株，其丰产性与优质性都相对稳定，深受菇农群众喜爱。本研究结果可为今后姬松茸诱变育种提供有益的参考与借鉴，也为菇农生产提供更多的优良品种选择。

很显然，诱变育种是利用某些理化因子诱导菌种的遗传因子产生变化，通过筛选突变体产生新的菌株，其是一种比较有效的育种方法（孙玲等，2018）。近年来，食用菌诱变育种发展迅速，已被成功应用于多种食用菌新品种的选育，比如香菇（李刚等，2018）、金针菇（刘昆昂等，2019）、平菇（李永文等，2007）、灵芝（董玉玮等，2009）、杏鲍菇（夏志兰，2004）、真姬菇（刘成荣，2008）等。常用的理化诱变因子有：紫外线、^{60}Co、激光、离子束、X 射线、硫酸二乙酯等（马三梅等，2004；桂明英等，2006）。人工诱变育种虽然操作简单，周期短，也可以应用于人工创造优良性状，如今已经成为食用菌新品种选育重要的技术方法，但后代筛选与鉴定的工作量比较大。本项目以姬松茸菌株 J1 的担孢子为试验材料曾经获得 2 个低镉新菌株（翁伯琦等，2003 和 2011），用 ^{60}Co 进行辐射，力求进一步筛选低重金属含量的姬松茸品种，近期项目组获得新菌株 J37，该菌株子实体中重金属镉、铅、汞、砷的含量比原菌株 J1 分别低 48.09%、58.57%、26.03%、75.26%，可望作为低重金属姬松茸新品种在生产实践中推广应用。张卉等（2004）以姬松茸菌丝原生质体为材料，用紫外线诱变获得产量显著提高的诱变菌株。颜春君等（2008）利用 ^{60}Co-γ 射线辐射尖端菌丝，获得 1 株姬松茸优良菌株 JB6，该菌株在菌丝生长速度、产量等方面都优于对照菌株。但由于诱变育种具有方向不可控性，且诱变育种工作量大，故今后应加强诱变育种机理及优良菌种筛选标准等方面的深入探索，力求为今后利用基因工程手段定向选育奠定基础。

生产实践表明，姬松茸生产栽培过程比较容易产生镉超标现象，这是由于姬松茸品种内在特性所决定的（刘朋虎等，2017，2018），项目组采用 ^{60}Co 辐射诱变而成功选育的新菌株 J37，不仅子实体镉含量明显降低，而且子实体中汞、砷、铅重金属含量也显著降低，但其降低的原因或者机制还需要深入探讨，以求阐明内在控制因子与相应的规律，为姬松茸产业化绿色生产积累经验并提供生产标准。

参考文献

安蔚，苏岩友，杨志孝，等，2004. 富铬食用菌菌株的筛选及研究 [J]. 泰山医学院学报，25（1）：39-41.

陈静仪，柯毅龙，李贤明，等，1991. 重金属在食用菌中的富集及对其生长代谢的影响［J］. 菌物学报，10（4）：301-311.

陈杨，张婉秋，周贵宇，等，2017. 辽河干流坝间耕地土壤重金属污染特征研究［J］. 中国生态农业学报，25（10）：1545-1553.

董玉玮，苗敬芝，曹泽虹，等，2009. 紫外诱变赤灵芝原生质体选育高产有机锗菌株的研究［J］. 食品科学，30（15）：188-192.

高庭艳，张丹，2007. 蘑菇生物吸附重金属的研究现状和发展趋势［J］. 科技咨询导报（24）：153.

桂明英，王刚，郭永红，等，2006. 食用菌育种技术的研究进展［J］. 中国食用菌，25（5）：3-5.

黄建成，李开本，何锦星，等，2006. 姬松茸镉累积特性研究Ⅰ. 培养料镉污染对子实体的效应［J］. 福建农业学报，21（3）：240-243.

黄建成，应正河，余应端，等，2007. 姬松茸对重金属的富集规律及控制技术研究［J］. 中国农学通报（3）：406-409.

黄建成，余应瑞，应正河，2008. 姬松茸镉累积特性研究：Ⅱ镉胁迫对菌丝及子实体生长发育的影响［J］. 农业环境科学学报（1）：78-82.

黄敏敏，江枝和，翁伯琦，等，2011. 镉对姬松茸菌丝体细胞超微结构的影响［J］. 热带作物学报，32（6）：1082-1085.

江启沛，2003. 药食两用蕈菌姬松茸富镉特性及其拮抗抑制研究［D］. 保定：河北农业大学.

江枝和，1993. 姬松茸［J］. 中国食用菌（3）：封四.

江枝和，翁伯琦，雷锦桂，等，2010. 姬松茸[60]Co 辐射新菌株 J5 的营养成分、重金属含量与农药残留分析及其安全性评价［J］. 热带作物学报，31（10）：1702-1705.

江枝和、翁伯琦、黄挺俊，等，2003. [60]Co 辐射诱变姬松茸突变株的蛋白质的营养评价［J］. 核农学报，17（1）：20-23.

寇冬梅，陈玉成，张进忠，2007. 食用菌富集重金属特征及污染评价［J］. 江苏农业科学（5）：229-232.

李波，2016. 镉胁迫下两个姬松茸品种生长及镉富集特性研究［D］. 福州：福建农林大学.

李波，刘朋虎，江枝和，等，2016. 外源镉胁迫对姬松茸菌丝生长及其酶活性的影响 [J]. 热带作物学报，37（3）：456-460.

李春香，韩娟，徐小慧，等，2009. 乙醇-硫酸铵双水相萃取-火焰原子吸收光谱法测定镉 [J]. 冶金分析，29（9）：60-65.

李刚，清源，张守武，2018. 香菇原生质体诱变育种探析 [J]. 信息周刊（23）：1.

李三暑，江枝和，颜明娟，等，2000. 福建省姬松茸菇镉污染状况及其防治 [J]. 江西农业大学学报，22（1）：94-97.

李三暑，雷锦桂，陈惠成，2001. 镉、磷、钙在姬松茸细胞内的积累和分布特征及其交互作用 [J]. 食用菌学报，8（4）：24-27.

李三暑，雷锦桂，颜明娟，等，2001. 镉对姬松茸细胞悬浮培养的影响及其在细胞中的分布 [J]. 江西农业大学学报，23（3）：329-331.

李维焕，于兰兰，程显好，等，2011. 两种大型真菌菌丝体对重金属的耐受和富集特性 [J]. 生态学报，31（5）：1240-1248.

李永文，刘阳，张义奇，等，2007. 平菇菌株诱变处理及应用初探 [J]. 安徽农业科学，5（21）：6427-6428.

梁成彪，杨林，2009. 2008 年欧盟 RASFF 通报中国食品安全问题中重金属污染问题分析 [J]. 标准科学（3）：93-96.

林杰，蔡丹凤，王雪英，1995. 食用菌珍品：姬松茸 [J]. 福建农业（8）：10.

林戎斌，2011. 镉在姬松茸生产中迁移、分布规律及降低镉含量措施的研究 [D]. 福州：福建农林大学.

刘安玲，朱必凤，刘主，等，2003. 柱状田头菇（茶薪菇）金属硫蛋白的分离纯化与特性研究 [J]. 菌物系统，22（1）：112-117.

刘成荣，柯晓青，2008. 真姬菇诱变菌株的选育及其发酵条件研究 [J]. 福建农业学报，23（4）：462-465.

刘高磊，2017. 中国香菇重要性状的全基因组关联分析 [D]. 武汉：华中农业大学.

刘高翔，2013. 姬松茸中镉的存在形态及其对镉吸附特性的研究 [D]. 昆明：昆明理工大学.

刘高翔，杨美智子，刘洋铭，等，2012. 食用菌对镉的富集作用及其机理的研究概况 [J]. 食品工业科技，33（13）：392-394.

刘昆昂，刘萌，张根伟，等，2019. 金针菇遗传育种研究进展 ［J］. 江苏农业科学（14）：18-22.

刘朋虎，陈爱华，江枝和，等，2012. 姬松茸"福姬 J77"新菌株选育研究 ［J］. 福建农业学报，27（12）：1333-1338.

刘朋虎，赖瑞联，陈华，等，2019. 镉对食用菌生长的影响及防控技术研究进展 ［J］. 生态环境学报，28（2）：419-428.

刘朋虎，李波，江枝和，等，2017. 姬松茸菌株 J1 与 J77 镉富集差异及生理响应机制 ［J］. 农业环境科学学报，36（5）：863-868.

刘朋虎，李波，江枝和，等，2018. 镉对姬松茸农艺性状及矿物质元素吸收的影响 ［J］. 农业环境科学学报，37（1）：58-63.

刘瑞霞，汤鸿霄，2002. 重金属的生物吸附机理及吸附平衡模式研究 ［J］. 化学进展，14（2）：87-92.

罗信昌，1998. 我国蕈菌基因资源、评估及利用 ［J］. 吉林农业大学学报，20：49-52.

马三梅，王永飞，亦如瀚，2004. 食用菌育种的研究进展 ［J］. 西北农林科技大学学报（自然科学版），32（4）：108-112.

施巧琴，林琳，陈哲超，等，1991. 重金属在食用菌中的富集及对其生长代谢的影响 ［J］. 真菌学报，10（4）：301-311.

史琦云，邵威平，2003. 八种食用菌营养成分的测定与分析 ［J］. 甘肃农业大学学报，38（3）：336-339.

宋小庆，于飞，张媛雅，等，2008. 植物对重金属镉的吸收转运和累积机制 ［J］. 中国生态农业学报，16（5）：1317-1321.

孙玲，刘利平，徐婉茹，等，2018. 物理诱变在药食用菌育种中的应用研究进展 ［J］. 安徽农业科学，591（14）：35-39，159.

孙敏华，吴学谦，魏海龙，等，2007. 食用菌有毒有害物质及控防技术研究进展 ［J］. 中国林副特产（5）：74-77.

翁伯琦，江枝和，黄挺俊，等，2003. 姬松茸 ^{60}Co 辐射菌株 J3 若干特性研究 ［J］. 中国农业科学，36（9）：1065-1070.

翁伯琦，江枝和，肖淑霞，等，2011. 姬松茸 ^{60}Co 辐射新菌株 J3 营养成分与农药残留分析 ［J］. 农业环境科学学报，30（2）：244-248.

翁伯琦，江枝和，应朝阳，等，2006. 圆叶决明牧草料栽培金顶侧耳对其产量和品质及重金属含量的影响 [J]. 中国农业科技导报 (3)：40-46.

吴锦文，1999. 食用菌的医疗保健作用及其发展趋势 [J]. 生物学通报，34 (9)：18-19.

夏志兰，艾辛，2004. ^{60}Co 射线对杏鲍菇菌丝的诱变效应 [J]. 激光生物学报，13 (4)：298-301.

徐丽红，陈俏彪，叶长文，等，2005. 食用菌对培养基中有害重金属的吸收富集规律研究 [J]. 农业环境科学学报，24 (6)：42-47.

徐丽红，何莎莉，吴应淼，等，2010. 姬松茸对有害重金属镉的吸收富集规律及控制技术研究 [J]. 中国食品学报，10 (4)：153-158.

徐丽红，吴应淼，陈俏彪，等，2007. 香菇对培养基中有害重金属的吸收富集规律及临界含量值 [J]. 浙江农业学报 (3)：211-215.

徐丽红，吴应淼，叶长文，等，2007. 不同栽培方式香菇对有害重金属镉累积特性的比较 [J]. 浙江农业科学 (2)：141-142.

颜丽君，郑焕春，2008. 姬松茸^{60}Co-γ 射线辐照诱变育种试验初报 [J]. 中国食用菌 (5)：19-21.

杨春香，林新坚，林跃鑫，2004. 镉对姬松茸菌丝生长影响 [J]. 中国食用菌，23 (4)：36-38，52.

袁瑞奇，李自刚，屈凌波，等，2001. 食用菌栽培中重金属污染与控制技术研究进展 [J]. 河南农业大学学报 (2)：159-162.

袁瑞奇，孟祥芬，康源春，等，2006. 平菇对重金属富集机理的研究 [J]. 河南农业大学学报 (2)：181-185.

岳丽玲，张巍，刘丹，等，2011. 姬松茸药用价值研究进展 [J]. 中国药房，22 (43)：4116-4117.

张丹，郑有良，高健伟，等，2005. 四川凉山州野生蘑菇重金属共和砷含量分析 [J]. 应用基础与工程科学学报 (10)：148-154.

张卉，李长彪，陈明波，等，2004. 原生质体紫外诱变选育姬松茸新菌株 [J]. 微生物学杂志，24 (6)：56-57.

张亮，2012. 双孢蘑菇生长过程中硒与铅的相互作用 [D]. 南京：南京农业大学.

赵玉卉，王秉峰，路等学，等，2010. 几种市售鲜食用菌重金属含量及评价 [J]. 中国食用菌，29 (4)：32-34.

BASTA N T, MCGOWEN S L, 2004. Evaluation of chemical immobilization treatments for reducing heavy metal transport in a smelter-contaminated soil [J]. Environmental Pollution, 127 (1): 73-82.

BRESSA G, CIMA L, COSTA P, 1988. Bioaccumulation of Hg in the mushroom Pleurotus ostreatus [J]. Ecotoxicology & Environmental Safety, 16 (2): 85-89.

CHUANG H W, WANG I W, LIN S Y, et al., 2009. Transcriptome analysis of cadmium response in Ganoderma lucidum [J]. Fems Microbiology Letters, 293 (2): 205-213.

GARCÍA M A, ALONSO J, MELGAR M J, 2005. Agaricus macrosporus, as a potential bioremediation agent for substrates contaminated with heavy metals [J]. Journal of Chemical Technology & Biotechnology, 80 (3): 325-330.

HUANG J C, LI K B, YU Y R, et al., 2010. Cadmium accumulation in Agaricus blazei Murrill [J]. Journal of the Science of Food & Agriculture, 88 (8): 1369-1375.

HWANG G W, FURUCHI T, NAGANUMA A, 2007. Ubiquitin - conjugating enzyme Cdc34 mediates cadmium resistance in budding yeast through ubiquitination of the transcription factor Met4 [J]. Biochemical & Biophysical Research Communications, 363 (3): 873-878.

KALAC P, BURDA J, STASKOVÁ I, 1991. Concentrations of lead, cadmium, mercury and copper in mushrooms in the vicinity of a lead smelter [J]. Science of the Total Environment, 105 (105): 109-119.

KALAC P, SVOBODA L, 2000. A review of trace element concentrations in edible mushrooms [J]. Food Chemistry, 69 (3): 273-281.

KIRCHNER G, DAILLANT O, 1998. Accumulation of 210Pb, 226Ra and radioactive cesium by fungi [J]. Science of the Total Environment, 222 (1-2): 63.

LI X, WANG Y, PAN Y, et al., 2017. Mechanisms of Cd and Cr removal and tolerance by macrofungus Pleurotus ostreatus, HAU-2 [J]. Journal of Hazardous Materials, 330: 1-8.

LIU S H, ZENG G M, NIU Q Y, et al., 2017. Bioremediation mechanisms of combined pollution of PAHs and heavy metals by bacteria and fungi: A mini review.

[J]. Bioresource Technology, 224: 25.

MARHUENDA-EGEA F C, MARTÍNEZ-SABATER E, JORDÁ J, et al., 2007. Dissolved organic matter fractions formed during composting of winery and distillery residues: evaluation of the process by fluorescence excitation – emission matrix. [J]. Chemosphere, 68 (2): 301.

MELGAR M J, ALONSO J, PÉREZ-LÓPEZ M, et al., 1998. Influence of some factors in toxicity and accumulation of cadmium from edible wild macrofungi in NW Spain [J]. Journal of Environmental Science & Health. part. b Pesticides Food Contaminants & Agricultural Wastes, 33 (4): 439-455.

MICHELOT D, SIOBUD E, DORÉ J C, et al., 1998. Update on metal content profiles in mushrooms—toxicological implications and tentative approach to the mechanisms of bioaccumulation [J]. Toxicon, 36 (12): 1997-2012.

RADULESCU C, STIHI C, BUSUIOC G, et al., 2010. Studies concerning heavy metals bioaccumulation of wild edible mushrooms from industrial area by using spectrometric techniques [J]. Bulletin of Environmental Contamination & Toxicology, 84 (5): 641-646.

SEVEROGLU Z, SUMER S, YALCIN B, et al., 2013. Trace metal levels in edible wild fungi [J]. International Journal of Environmental Science & Technology, 10 (2): 295-304.

YEN J L, SU N Y, KAISER P, 2005. The Yeast Ubiquitin Ligase SCFMet30 Regulates Heavy Metal Response [J]. Molecular Biology of the Cell, 16 (4): 1872-1882.

ZHANG W, HU Y, CAO Y, et al., 2012. Tolerance of lead by the fruiting body of Oudemansiella radicata. [J]. Chemosphere, 88 (4): 467.

ZHU F, QU L, FAN W, et al., 2011. Assessment of heavy metals in some wild edible mushrooms collected from Yunnan Province, China [J]. Environmental Monitoring & Assessment, 179 (1-4): 191.

第六章

食用菌菌糠的资源化利用技术

食用菌是健康的营养食品，不仅富含蛋白质、氨基酸及多糖等营养物质，而且还含有人体所必需的微量元素，具有高蛋白、低脂肪、低糖、低盐、低热量的特点。因此，在"返璞归真""回归自然"的国际思潮影响下，食用菌作为一种无污染的天然营养食品，已日益受到世界各国的重视（陈君琛等，2005）。我国也把发展"营养、保健、益智、抗衰老"菌类保健营养食品，列为今后食品加工业重点发展之一，这为食用菌产业提供了一个前所未有的良好机遇（沈恒胜等，2007）。近几年，我国食用菌生产发展迅速，据有关部门统计，2007年我国年产食用菌1 400万t，占世界总量的65%，产值达590亿元，年出口量突破50万t，出口创汇10亿美元（刘士旺，2009）。福建省具有适宜的自然气候条件和丰富的生产资源，其食用菌生产已经形成了具有地域性特色的优势产业，产量及出口创汇在全国均处领先地位（陈君琛等，2004）。在食用菌生产中，常利用秸秆、稻壳、玉米芯等农业废弃资源作为培养料栽培食用菌，这样既解决了环境问题，又增加了农民收入。而食用菌培养料在菌丝生长过程中，随着酶解作用，分解培养料中的木质素、纤维素等碳氮营养，出菇收获后，剩下的废弃培养料是菌糠。我国每年大约有菌糠650多万t，如果把这些菌糠作为垃圾倒掉，既增加了费用，又污染环境，而菌糠中含有的大量营养物质也被白白丢弃，造成巨大的浪费（李进杰等，2006）。同时，为了栽培食用菌，每年需耗费大量的段木或木屑加上麦麸、饼粕等作为栽培料；食用菌生产的发展是以大量消耗林木资源和与畜牧养殖业竞争饲料为代价，形成了食用菌产业持续化发展的栽培资源危机。因此提高食用菌栽培产业的劳动效率、解决日益严重的菌林、菌牧矛盾，改善农村生态环境、促进食用菌栽培生产与林业、畜牧业生产和谐共存、可持续发展，已成为当前食用菌栽培产业能否健康发展所要解决的首要问题。

本研究以食用菌产业化的可持续发展为长远目标，针对食用菌菌糠利用率低、污染环境等问题，开展食用菌菌糠多样化循环利用方式的研究。

首先，针对食用菌生产面临的林木资源被砍伐破坏，生产资源濒于枯竭，而大量菌糠等废弃资源则被丢弃或焚烧的矛盾，研究食用菌菌糠营养品质特点，通过适合的处理技术，将菌糠作为天然材料的替代物栽培食用菌；根据食用菌生物学特性和品质指标，探索科学利用菌糠高效生产食用菌的技术措施，使菌糠无害化、食用菌生产工艺流程工厂化、产品品质管理标准化、产业发展持续化。

其次，通过研究食用菌菌糠作为有机肥种植脐橙的生产技术，以期建立食用菌菌糠回田作为肥料的循环利用技术模式，开拓菌糠的资源化利用途径。

再者，开展食用菌菌糠作为马尼拉草无土栽培基质的应用研究，为能实现解决食用菌生产菌糠废料的污染和马尼拉草栽培不用取土，不破坏耕作层，降低成本，节约用水的循环体系，为菌糠在无土栽培基质上的应用提供科学依据。

总之，通过菌糠资源在食用菌栽培、果园种植、无土栽培的应用研究，开拓食用菌菌糠循环利用方式，促进菌糠的合理利用，延长了生物质资源循环链，取得一定的经济效益、生态效益和社会效益。

第一节　菌糠资源化利用研究进展

食用菌对培养料营养成分的利用率约为70%，因此菌糠内还残留有大量的营养物质（李光河，2005），如蛋白质、氨基酸、菌类多糖及 Fe、Ca、Zn、Mg 等微量元素和维生素等，有些营养成分甚至高于原生培养料（杜纪格等，2006）。据报道，棉籽壳和稻草经食用菌分解利用后，粗蛋白分别提高6.87%和6.43%，氨基酸总量提高6.27%和5.79%；棉籽壳菌糠中的赖氨酸、蛋氨酸和精氨酸含量均高于大麦、玉米和小麦麸（陶新等，2004）。同时，在菌糠里面残留着大量的菌丝体（赵启光等，2007）。这些菌丝体中含有许多蛋白质、脂肪、氨基酸、酶类、多种维生素以及丰富的微量元素。而且在这些菌丝体生长发育过程中，会分泌出一些激素类物质和一系列的酶使粗硬、宽大的纤维变得短小、疏松、柔软。与原生培养料相比，棉籽壳和稻草的菌糠粗纤维含量分别下降22.38%和21.67%，而其营养价值则大幅度提高（孟丽等，2003）。由此可见，菌糠不是"废物"，恰恰相反，如果能用适当的方法把其内部蕴涵的丰富营养物质利用起来，菌糠就能创造出巨大的价值。利用菌糠作为栽培基质生产马尼拉草坪，能很好解决传统马尼拉草坪生产和应用中存在的问题，同时利用食用菌生产的菌糠，以消除食用菌生产的废料污染，对环境保护和农业可持续发展具有重要的现实意义（邓蓉等，2000）。

利用菌糠等原料栽培生产食用菌，经过第二次栽培利用后的菌糠，还可以作为基质代替土壤栽培马尼拉草，形成一套具有经济、环保、节水、可持续生产的循环利用技术。为能实现解决食用菌生产菌糠废料的污染和马尼拉草栽培不用取土，不破坏耕作层，降低成本，节约用水的循环体系具有十分重要的现实意义（谢嘉霖，2006）。目前对菌糠的利用主要集中在几个方面：一是代替原生材料栽培食用菌，二是作为有机肥料，三是制造沼气，四是作为禽畜饲料，五是作为燃料等。其中以菌糠代替原生材料栽培食用菌，作为有机肥较为普遍。现对近几年来国内外在这几个方面的研究简要介绍如下。

一、代替原生材料栽培食用菌

近年来菌糠作为食用菌再生产的替代料栽培食用菌，成为菌糠再利用研究的一个热点。利用食用菌栽培产生的菌糠作为棉籽壳、锯木屑等的替代材料栽培食用菌，不但能充分利用这些菌糠，减少食用菌栽培对环境造成的破坏（胡保明等，2005），还能充分利用食用菌菌丝生长对培养料的生物转化产物，以及其他一些次生代谢物，降低栽培生产食用菌的成本（张广杰等，2005）。与棉籽壳、锯木屑等天然材料相比，菌糠价格更加低廉，而且营养更加丰富，其营养含量甚至超过了原生培养料（张永新等，2006）。

钟礼义等（2006）报道，添加12%和20%杏鲍菇菌糠的栽培料，杏鲍菇第一潮菇的产量比对照物高，达极显著水平，且菌丝萌发、生长速度明显优于对照组，相应节省了其他培养料。

李俐俐等（2007）报道，在PDA培养基中加入30%～50%的平菇菌糠提取液对茶新菇和金针菇菌丝生长具有明显促进作用；加入10%～30%的平菇菌糠提取液对毛木耳菌丝生长有促进作用；加入10%的平菇菌糠提取液对杏鲍菇和白灵菇菌丝生长影响不显著。这说明菌糠中含有某种能刺激菌丝生长的物质，如果能好好利用将能加快菌丝生长速度，缩短生产周期。

陈君琛等（2006）用菌糠替代木屑、棉籽壳和麦麸作为培养料，栽培秀珍菇、金福菇和鲍鱼菇，生物效率分别达到64.95%、84.65%和70.49%，完全可以代替传统培养料应用于生产。

郭海增（2006）开发出白灵菇废菌糠袋栽鸡腿菇高效技术，可连续采菇4、5潮，整个生物学效率可达100%左右，从而根本改变了由于白灵菇只能产一潮菇而造成的废菌袋浪费及污染环境的问题。

利用菌糠作为替代原料进行食用菌生产能直接降低菇农的生产成本，是较为经济可行的菌糠利用途径。

二、作为有机肥料

菌糠疏松透气，在土壤中进一步分解成具有良好通气蓄水能力的腐殖质，可增强土壤的透气性，避免土壤板结现象。菌糠富含有机物和多种矿质元素，可改善土壤的缺素现象，增加土壤肥力，提高单位土壤面积的生产效益。菌糠作为有机肥，因其纤维素和木质素已被大量降解，添加菌糠的肥料，对改善土壤团粒结构、提高土壤有机质含量、提高土壤肥力水平均有促进作用，还可提高农作物的抗病能力，提高农作物的品质。究其原因，一是存留在菌糠中的各种营养物质可供植物吸收利用，二是残留在菌糠中的菌丝体在生长发育中分泌出的一些酶，可促进生化反应，使复杂的有机质释放出更多的易被植物吸收的营养能量，同时它还能活化土壤，为多种微生物提供适宜场所，是很好的"土壤改良剂"（朱小平等，2004）。

适宜浓度的平菇菌糠粗提物可促进棉花种子萌发和幼苗的生长，尤其是可以显著促进侧根的形成（李俐俐等，2007）。菌糠复合剂可以显著提高不结球白菜株高、根长、叶片数及产量（朱小平等，2005）。这都说明菌糠作为有机肥料的意义不仅在于它能改良土壤品质，更在于它含有的一些生化因子能促进植物的生长。菌糠丰富的有机质含量、生物活性成分、可利用有效矿物质元素成分，以及多种可溶性有机营养，除了供给植物根部的吸收利用，更能为栽培土壤提供长效优质的培育温床，有利于土壤层的生物群落的发展、土壤团粒结构的形成、土壤可利用性微量元素营养成分的持续补充，以及其他土壤理化性质的调理优化，对农业资源的有效循环利用具有重要的意义。

三、制造沼气

菌糠是理想的沼气生产原料，其中丰富的营养物质为产甲烷菌长期繁殖提供了基础。菌糠易于粉碎的特点不仅可以缩短投料前的准备时间，还能缩短发酵时间，降低换料工作量。用菌糠生产的沼气，不仅可作为燃气，还可用于储粮、水果保鲜等；沼渣可用于育秧；沼液可用于浸种，亦可作为猪饲料添加剂。食用菌菌糠作为沼气原料，可形成农作物-食用菌-沼气-有机肥、饲料-农作物，生物质循环利用的高效生态农业模型。

四、作为禽畜饲料

多数牲畜体内都缺乏纤维素酶，不能直接用纤维素、木质素含量较高的玉米秆、稻草、棉籽壳等做饲料。食用菌能分泌许多胞外酶，对纤维素、半纤维素、木质素等大分子化合物有较强的分解能力（张坚等，2007），因此，可采用"菌化"方法来优化秸秆饲料的成分。菌糠的营养价值丰富，且含有大量食用菌菌丝体产生的一些活性物质，而食用菌在生长繁殖过程中，能产生大量的胞内酶和胞外酶，具有较强的纤维分解能力，使它们的结构发生质的变化，可使粗纤维降低50%，木质素降低30%，粗蛋白增加6%～7%，粗脂肪增加1倍左右（陶新等，2007）；其营养价值可与麦麸、玉米粉相比（胡保明等，2005），完全可以代替谷糠类的粗饲料，是营养丰富的廉价饲料，不仅可以用来饲喂反刍家畜，还可以代替部分精料来饲喂家禽。试验证明，用菌糠喂养动物，其效果优于一般的粗饲料。

马玉胜（1996）用菌糠喂养奶山羊60 d后，饲喂菌糠试验组的产奶量比饲喂氨化麦秆的对照组提高19.4%，粗饲料利用率提高13.2%，两组间的乳脂率没有显著差异。

何华奇等（1996）报道，用谷物复合物培养菌糠完全替代玉米配合饲料饲喂肉用仔鸡，对鸡的生产性能无影响，而每千克增重成本比常规配方下降52.%，效益十分可观。

宁康健等（1994）用6%的蘑菇菌糠替代部分肉仔鸡日粮，可明显提高肉仔鸡的日增重（6.8%），与对照组相比，成活率提高了6%，料肉比下降12.1%。饲料成本下降12.3%，经济效益十分显著。

李超等（2007）报道，利用金针菇菌糠替代部分精料饲养昌图鹅仔鹅，比对照组日增重提高4.48%，经济效益增加19.3%。在当前粮食紧缺的情况下，菌糠饲料的开发利用，不仅可以变废为宝，防止环境污染，而且还有利于食用菌和畜牧业的共同发展和相互促进，形成农业生态的良性循环，并有助于缓解人畜争粮的矛盾，因此值得推广应用（姚云，2006）。

五、作为燃料

现在许多金针菇和杏鲍菇工厂化栽培企业，利用部分菌糠作为灭菌装置中锅炉的燃料，也可以节省大量的木材和煤炭等。

综上所述，充分利用食用菌栽培产生的菌糠，作为培养料替代物、饲料添加剂或有机肥、土壤改良剂，可以缓解食用菌生产与林业、畜牧业生产的矛盾，减少食用菌生产对环境造成的破坏，降低食用菌生产的成本，为食用菌可持续发展打开新局面。菌糠的合理利用延长了生物质循环链条，有一定的经济效益、生态效益和社会效益，在农业植物生物质循环利用中具有重要的现实意义。

第二节 菌糠营养成分分析

菌糠来自古田，香菇配方：木屑 88%，棉籽壳 10%，石膏 2%。采用盐酸水解法测氨基酸；采用酸-碱处理重量法测粗纤维；采用中性-酸性洗涤纤维序列分析方法测纤维素、半纤维素、木质素；采用凯氏定氮法测 N；用钒钼黄比色法测 P；用 1 M 醋酸铵浸提法测 K；用姜黄比色法测 B；用原子吸收法测定 Fe、Zn、Cu、Mn 等。

一、菌糠中的氨基酸含量分析

氨基酸是构建生物机体的众多生物活性大分子之一，是构建细胞、修复组织的基础材料；氨基酸对植物的营养贡献不只是提供氮源，还对植物的生理代谢有不可低估的影响，如氨基酸具有减轻植物重金属离子的毒害作用。本研究采用氨基酸全自动分析仪测定了香菇菌糠的氨基酸组成及含量，结果见表6-1。可以看出，香菇菌糠中含有 17 种氨基酸，组成比较齐全，氨基酸总量达到 4.42% 左右，作为食用菌培养料，可促进食用菌生长发育。

表6-1 香菇菌糠的氨基酸组成和含量 （%）

氨基酸种类	样本 1	样本 2	样本 3
天门冬氨酸	0.44	0.69	0.52
苏氨酸	0.18	0.27	0.28
丝氨酸	0.17	0.27	0.28
谷氨酸	0.53	0.91	0.69
脯氨酸	0.19	0.27	0.28
甘氨酸	0.23	0.32	0.28
丙氨酸	0.25	0.34	0.01
胱氨酸	0.15	0.16	0.26

（续表）

氨基酸种类	样本 1	样本 2	样本 3
缬草氨酸	0.28	0.38	0.39
甲硫氨酸	0.08	0.10	0.20
异亮氨酸	0.19	0.28	0.31
亮氨酸	0.24	0.39	0.04
酪氨酸	0.03	0.07	0.21
苯内氨酸	0.19	0.28	0.20
赖氨酸	0.16	0.27	0.09
组氨酸	0.05	0.10	0.14
精氨酸	0.14	0.26	0.22
氨基酸总量	3.50	5.36	4.40

二、菌糠中粗蛋白和纤维含量分析

从表6-2可以看出，香菇菌糠中粗蛋白含量最高达9.40%，是蔗渣的4.87倍，与棉籽壳相当。对于镶嵌在细胞壁或大分子中的结构蛋白，香菇菌糠约为其总氮源的一半，这与结构蛋白为主要氮源的纤维质栽培料有很大区别，而对于结构蛋白这类氮源物质，只有经食用菌对细胞壁大分子结构物质的降解过程，方可被释放并转化利用。香菇菌糠碳源营养成分主要以纤维素成分为主，为单一葡萄糖分子经 β-1.4 糖苷键构成的大分子结构物。

表6-2 香菇菌糠中纤维素和粗蛋白成分含量（%）

栽培原料	粗蛋白	结构蛋白	半纤维素	纤维素	木质素
蔗渣	1.93	1.61	27.1	46.9	16.7
木屑	（混合）		18.6	55.9	16.2
棉籽壳	9.34	8.27	23.9	29.4	28.8
菌糠	9.40	4.38	11.3	39.2	13.8

三、食用菌菌糠中矿物质营养成分分析

由表6-3可以看出，菌糠中含有较丰富的 N、P、K 及各种矿物质微量元素，可作为植物生长的速效有机肥。

表6-3　食用菌菌糠中矿物质营养成分含量（%）

栽培原料	氮 N	磷 P	钾 K	钙 Ca	镁 Mg	锰 Mn	锌 Zn	硼 B	硫 S
菌糠	1.41	0.55	0.84	1.53	0.54	0.74	14.07	1.20	0.46

第三节　菌糠替代料栽培鸡腿菇技术

一、筛选适宜菌糠培养料的鸡腿菇菌株

从国内引进10个鸡腿菇菌株进行筛选试验，各菌株编号见表6-4。

表6-4　供试菌株信息

编号	名称	菌种来源
1	鸡腿菇（北京）	三明真菌研究所
2	特白2004	江都天达食用菌研究所
3	CC944	山东寿光市食用菌研究所
4	CC155	江苏高邮食用菌研究所
5	鸡腿菇7号	华中农大菌种中心
6	单生鸡腿菇	山东金乡真菌研究所
7	丛生鸡腿菇	山东金乡真菌研究所
8	古田鸡腿菇8号	古田县科兴菌研究所
9	古田鸡腿菇3号	古田县科兴菌研究所
10	凤都鸡腿菇	古田县凤都镇

1. 培养基配方

母种培养基配方：马铃薯 200 g、葡萄糖 20 g、琼脂 20 g、水 1 000 mL。

原（栽培）种培养基：棉籽壳 43%、木屑 20%、麸皮 20%、石灰 3%、石膏 2%、含水量 58%～60%。

栽培基质配方：菌糠 87%、麸皮 8%、石灰 3%、石膏 2%。

将表 6-4 中引进的 10 个鸡腿菇在 PDA 培养基活化 12～15 d，于 23～26 ℃培养，每支试管可接 3～5 瓶原种，在正常的温度培养 30～35 d 可满瓶。每瓶原种可接 30 袋栽培种，每袋栽培种可接 15 袋生产栽培袋。

2. 生长速度测定

将母种接种在试管斜面培养基上，每个处理接试管 10 支，24 ℃下恒温培养 3 d，观察菌丝的长势。

3. 栽培方法

称取菌糠铺于水泥地面，厚度约 5 cm，均匀撒入麸皮、石灰和石膏，用铁铲进行翻拌 2～3 遍，使各种原料混合均匀。随后洒入清水，翻拌均匀，控制含水量达到 60%～65%。用 15 cm×58 cm 聚乙烯袋进行装袋、灭菌与接种。菌丝培养到菌丝长满袋后，采用割口办法，把菌袋排于栽培架上，并进行覆土。

按鸡腿菇常规方法进行出菇管理，记录污染袋数，在采收阶段每天记录采菇量。第一潮菇随机取 50 朵，称重，计算单朵重。

（一）鸡腿菇菌丝生长情况

本试验引进的 10 个菌株，PDA 斜面培养基上的生长情况可以从表 6-5 中看出，不同菌株在母种培养基上的生长情况不同，编号"3、4、5、6、7"等 5 个品种菌丝长势较弱，特别是编号为"6"的菌株，生长缓慢，在生产上应淘汰。1、2、8、9、10 菌株生长情况较好，活力比较强，可进一步进行出菇试验。

表 6-5　引进菌株在母种培养基上生长情况

编号	品种名称	菌丝生长情况	菌丝长势评价
1	三明鸡腿菇	+++	强
2	特白 2004	+++	强
3	特白 944	++	中

（续表）

编号	品种名称	菌丝生长情况	菌丝长势评价
4	特白 155	++	中
5	鸡腿菇 7 号	++	中
6	单生鸡腿菇	+	弱
7	丛生鸡腿菇	++	中
8	古田鸡腿菇 8 号	+++	强
9	古田鸡腿菇 3 号	+++	强
10	凤都鸡腿菇	+++	强

注：用"+"表示菌丝长势，长势越好，"+"越多。

（二）鸡腿菇出菇品比试验

根据菌丝生长情况，选择编号"1、2、8、9、10"这 5 个菌株进行栽培对比试验，每个品种栽培 100 袋。由表 6-6 可以看出：10 号的菌株发菌时间长，产量低，应予淘汰；另外 4 个菌株在发菌天数、平均产量和单朵重量等差异比较小，且抗病虫害比较好，可进一步进行中试测定其品种的优良性。

表 6-6 引进品种的出菇试验品比

编号	品种名称	平均发菌天数（d）	平均产量（kg/m²）	平均单朵重（g/朵）	菇体色泽	病虫害发生情况
1	三明鸡腿菇	27	16.5	100	洁白	少
2	特白 2004	28	15.5	98	雪白	少
8	古田鸡腿菇 8 号	25	16	98.6	洁白	少
9	古田鸡腿菇 3 号	26	15.5	97.3	白	少
10	凤都鸡腿菇	27	15.3	96.5	白	少

从中试结果可得："三明鸡腿菇"和"古田鸡腿菇"2 个品种具有高产稳产的特点，并且菇体白、抗病虫害能力强。因此选择这两个品种作为本试验的示范推广品种。

二、菌糠培养料高产栽培鸡腿菇试验

（一）菌糠栽培料不同处理试验

试验菌株：采用三明真菌研究所引进的"北京鸡腿菇"。

培养料配方：菌糠87%、麦皮8%、石灰3%、石膏2%，含水量60%～65%。

采用3种方式处理菌糠，具体操作如下。

1. 生料栽培

称取菌糠铺于水泥地面，厚度约5 cm，均匀撒入麸皮、石灰和石膏，用铁铲进行翻拌2～3遍，使各种原料混合均匀。随后撒入清水，翻拌均匀，控制含水量达到100%～110%。

培养料配制后，均匀铺于栽培床架上，并播种。每平方米用种量为2瓶。

2. 发酵料栽培

按生料栽培方法配制培养料，高1.6 m、宽1.8 m，在堆中央每隔1 m用竹筒扎一孔到底，便于通气。当堆温达到65 ℃时进行翻堆，重新建堆。共翻堆3次，发酵12 d。培养料发酵后，按生料栽培方式进行播种。

3. 熟料栽培

按生料栽培方法配制培养料，进行装袋、灭菌与接种，当菌丝长满袋后，排于栽培架上。

上述3种培养料处理方式，当菌丝长满培养料后进行覆土，按鸡腿菇的常规栽培进行出菇管理。

每种栽培方式各栽培100 m²。每天记录采菇量，每潮随机取菇50朵，称重，计算单朵重量。

培养料处理方式对鸡腿菇产量的影响见表6-7。

表6-7　培养料处理方式对鸡腿菇产量的影响

培养料处理方式	播种至出菇（d）	平均产量（g/m²）	平均单朵重（g/朵）	病虫害发生情况
生料栽培	16～20	5 120	71	较多

（续表）

培养料处理方式	播种至出菇（d）	平均产量（g/m²）	平均单朵重（g/朵）	病虫害发生情况
发酵料栽培	15～17	7 520	87	较多
熟料栽培	12～13	8 000	98.8	少

试验结果表明，生料栽培病虫害发生严重，导致平均单产低。培养料通过发酵处理，提高了培养料的选择性，但病虫害的发生率仍高于熟料袋栽。熟料栽培方式的污染率低、产量最高。

（二）不同栽培方式对比试验

试验菌株：采用三明真菌研究所引进的"北京鸡腿菇"。

培养料配方：菌糠 87%、麸皮 8%、石灰 3%、石膏 2%。

采用熟料栽培方法，栽培 3 500 袋，当菌丝长满袋后，挑选无污染、菌丝生长健壮的菌袋 3 000 袋，分成 A、B、C 三组，每组 1 000 袋。

A 组：将菌袋割口脱袋，排于菇房外，然后覆土管理，每平方米排放 18～20 袋。

B 组：将菌袋排于菇房内的层架上，覆土管理。

C 组：将菌袋割口脱袋，排于菇房内的层架上，覆土管理。

每天记录采菇量，每潮菇随机取商品菇 50 朵，称重，计算单朵重。

结果详见表 6-8。

表 6-8　不同栽培方式对比试验

栽培方式	覆土出菇的天数（d）	平均产量（g/袋）	平均单朵重（g/朵）	病虫害发生情况
室外栽培（A 组）	15～17	376	86	中
室内袋栽（B 组）	12～13	405	98.8	少
室内脱袋栽培（C 组）	12～15	398	90	少

对比室外和室内两种栽培方式（A 与 B、C 对比），两者的平均产量为 A 组较差。这是由于室外栽培时，环境条件较难控制。层架栽培未脱袋与脱袋两种方式

（B 与 C 对比），两者的平均产量相当，未脱袋子实体单朵大，产量高，商品性好。脱袋方式子实体单朵小，商品性差。

通过技术不断创新，采用带袋栽培，具有省工降低成本的优点，可增加经济效益。每平方米可排放 18～20 袋，每袋可收鲜菇 400 g，获利 2 元以上。

结果详见图 6-1。

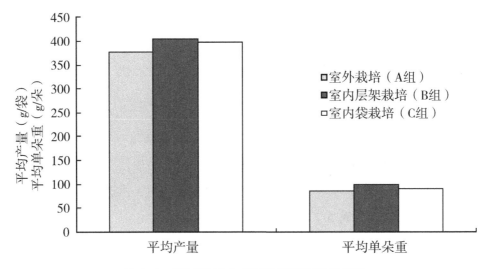

图 6-1　不同栽培方式对鸡腿菇产量的影响

第四节　菌渣作为果树有机肥直接使用

一、施用菌糠有机肥对脐橙产量和品质的影响

选同一果园内生长状况一致 5 年生纽荷尔脐橙为供试材料，在正常施肥基础上，分 2 个处理：①菌糠组，施菌糠 16 kg/株；②CK 组，每株增施尿素 0.5 kg、钙镁磷复合肥 13.5 kg、硫酸钾 2 kg。每种处理 1 株，5 个重复；施壮果肥，在树冠滴水线处挖宽和深各 40 cm 的施肥沟施下，施肥沟长度随树冠冠幅而异。

果实品质的测定：可溶性固形物用手提糖度计测定；糖用菲林试剂法；酸用 0.1N NaOH 测定；维生素 C 用碘酸钾法测定。

结果详见表 6-9、图 6-2。

表 6-9　施用菌糠对脐橙产量的影响

处理	株数（株）	总产量（kg）	单株平均产量 （kg/株）	显著性比较	
菌糠	5	93.2	18.64	a	A
CK	5	65.5	13.10	b	B

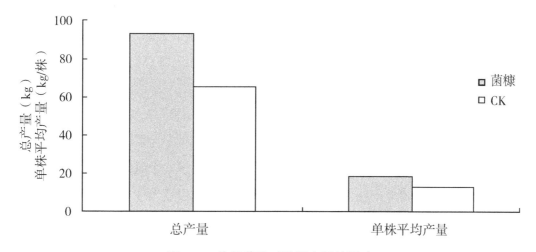

图 6-2　施用菌糠对脐橙产量的影响

从表 6-10 可见，施用菌糠后的脐橙单株平均产量比 CK 增加 5.54 kg，达到极显著差异；施用菌糠可提高脐橙的优质果率 6%，单果重提高 7 g。此外，菌糠有机肥处理的脐橙总酸含量降低，而总糖、还原糖、可溶性固形物和维生素等均比 CK 在不同程度上略有提高。分析结果表明，施用菌糠有机肥，不仅显著提高脐橙的生产性能，而且有利于改善脐橙果实的适口性，提高果实的商品价值。

表 6-10　施用菌糠对脐橙果实品质的影响

处理	优质果率 （%）	单果重 （g）	总酸 （%）	总糖 （%）	还原糖 （%）	维生素 C （mg/L）	可溶性 固形物 （%）	糖酸比
菌糠	85	232	0.79	9.88	4.85	488	13.0	12.51
CK	79	225	0.82	9.77	4.35	486	12.5	11.91

施用菌糠有机肥种植脐橙的生产技术，可减少化肥施用量，而菌糠中富含生物活性物质还有减轻病虫害发生的作用，可降低使用化肥和农药造成在农产品中的残留量，也解决由于大量使用化肥和农药造成的水果品质下降、农残风险提高的问题，是脐橙绿色产品的生产技术保证。

二、施用菌渣对果园土壤有机碳库的影响

土壤团聚体状况与土壤的优良与否密切相关；土壤有机碳是土壤的重要组成部分，很大程度影响土壤肥力状况；土壤有机碳矿化则是生态系统碳循环的重要组成部分，严重影响着大气中温室气体的含量。施肥是农业中土地经营管理活动不可或缺的一个环节，施肥特别是施用有机肥对土壤团聚体、土壤总有机碳及各组分有机碳含量、土壤有机碳矿化规律有着非常重要的影响。

本研究探讨在较长时间条件下不同菌渣施用量对柑橘果园土壤有机碳各组分积累、稳定机制、矿化能力的影响，为提高果园土壤质量提供依据，为果园生态系统有机碳的动态变化、影响机制以及科学的管理提供支持。试验设计了 6 个氮肥处理，根据菌渣中 N 的含量（全 N 为 12.0 g/kg）各个处理施等量氮肥，施用量为每千克风干土 0.15 gN，NH_4NO_3 为所用化肥，6 个施肥处理分别为：对照（不施肥，CK）；全量氮肥（N）；75% 氮肥+25% 菌渣（J1）；50% 氮肥+50% 菌渣（J2）；25% 氮肥+75% 菌渣（J3）、全量菌渣（J4）；磷肥为磷酸二氢钾（KH_2PO_4），钾肥为硫酸钾（K_2SO_4）；施用菌渣的处理忽略菌渣中 P、K 养分的影响，只保持各处理 N 肥含量相同。试验处理肥料用量见表 6-11。

表 6-11　试验处理肥料用量

处理	N 肥用量（g/盆）	P 肥用量（g/盆）	K 肥用量（g/盆）
对照（CK）	0	0	0
全量氮肥（N）	12.857	6.556	5.841
75% 氮肥+25% 菌渣（J1）	9.643+75	6.556	5.841
50% 氮肥+50% 菌渣（J2）	6.429+150	6.556	5.841
25% 氮肥+75% 菌渣（J3）	3.214+225	6.556	5.841
全量菌渣（J4）	0+300	6.556	5.841

（一）不同菌渣施用量对土壤团聚体内有机碳的影响

1. 不同菌渣施用量对土壤容重和土壤团聚体 $R_{0.25}$ 含量的影响

从图6-3、图6-4可以看出，不同菌渣施肥模式下，随着菌渣施用量的增加土壤容重呈现降低的趋势，而>0.25 mm的水稳性团聚体含量则明显增加。说明随着有机肥的施入，盆栽中土壤肥力的增加，微团聚体和小颗粒团聚体逐渐聚集，形成大颗粒团聚体，使得土壤孔隙度增加，逐渐降低了柑橘园土壤的容重。所以随着菌渣施加量的增加，土壤大颗粒水稳性团聚体的含量增加与土壤容重呈现显著的负相关关系。

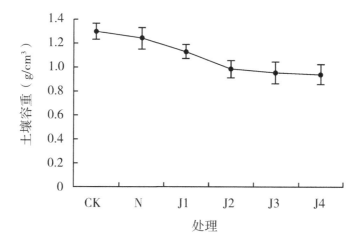

图6-3　不同菌渣施用量对土壤容重的影响

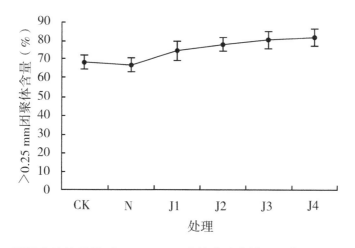

图6-4　不同菌渣施用量对>0.25 mm 土壤水稳定性团聚体平均含量的影响

2. 不同菌渣施肥模式对水稳性团聚体的组成和质量的影响

图 6-5 表明，在盆栽试验中，不同施肥模式下不同粒径的团聚体含量因施肥处理不同而有差异。总体上，菌渣施肥模式与 CK、N 相比各粒径团聚体含量表现出不同的规律，其中最明显的不同点在<0.25 mm 的土壤团聚体含量明显降低，含量在 18.135%~25.457%；并且<0.25 mm 的土壤团聚体含量随着草粉施加的增加而明显减少；各菌渣处理中>0.25 mm 的土壤团聚体含量较 CK 和 N 有明显增加，含量分别为 74.543%、78.057%、80.346%、81.865%，其顺序为 J4>J3>J2>J1。从各个不同粒径分析>0.25 mm 的各粒径土壤团聚体中>5 mm 和 5~2 mm 土壤团聚体含量有明显所增加，并且随着菌渣施加量的增多而进一步增加；而 2~1 mm、1~0.5 mm 和 0.5~0.25 mm 的土壤团聚体含量虽有所增加，但是增加并不明显；CK 与 N 相对比没有明显的差别，N 中>5 mm 的土壤团聚体含量虽较 CK 有所增加，5~2 mm 含量却有所减少，但 CK 与 N 此两个粒径含量的和基本持平。总体来看，菌渣的加入使土壤微团聚体含量减少，大颗粒团聚体含量增加，虽然各个粒径的增加量不同，但可以看出大颗粒的土壤团聚体是明显增加的，而施加化肥却没有达到这种效果。

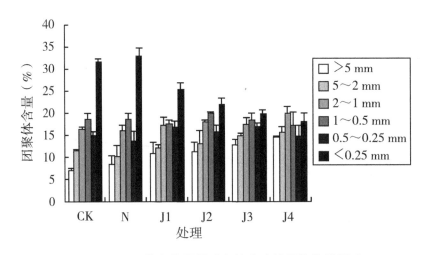

图 6-5　不同菌渣施用量对土壤水稳性团聚体的影响

3. 不同菌渣施用量对土壤平均重量直径（WMD）的影响

团聚体平均重量直径（WMD）常常作为评价水稳性团聚体的重要指标之一，可以反映土壤团聚体稳定特征。菌渣施肥模式下各处理随着菌渣施加量的增多土壤团聚体平均重量直径而增大，与 CK、N 相比有显著提高。具体顺序为 J4>J3>

J2>J1>N>CK（图6-6）。

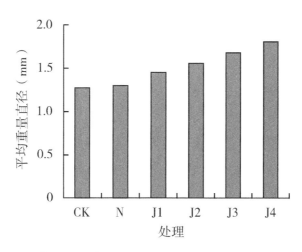

图6-6 不同菌渣施肥模式对团聚体平均重量直径（MWD）的影响

随着菌渣的施加，土壤团聚体稳定性呈现明显提高的趋势，施加了菌渣的处理>0.25 mm粒径土壤团聚体含量明显提高，并且随着菌渣施加量的增加，土壤中>0.25 mm团聚体含量增加量也有所提高。从土壤各个粒径的团聚体（>5 mm、2~5 mm、1~2 mm、0.5~1 mm、0.25~0.5 mm、<0.25 mm）含量来看，<0.25 mm粒径土壤团聚体含量随着绿肥施加量的增加明显减少，>5 mm、2~5 mm粒径团聚体含量明显升高，1~2 mm、0.5~1 mm、0.25~0.5 mm粒径团聚体含量虽然也呈现增加的趋势，但是增加幅度并没有达到显著性水平，增加幅度明显小于>5 mm、2~5 mm粒径土壤团聚体。即总体来看，随着菌渣施用量的增加，土壤微团聚体明显减少，大颗粒团聚体增多，土壤团聚体稳定性呈现升高的趋势。土壤平均重量直径也是反映土壤团聚体稳定性的一个重要指标，从数据中可以看出，施加了菌渣的处理土壤的平均重量直径有所升高，并且菌渣施加量越多，土壤平均重量直径越大，施加了菌渣的处理土壤团聚体稳定性是提高的。不同菌渣施用量对土壤容重的影响明显，随着菌渣施加量的增多土壤容重呈现减小的趋势，这说明随着有机肥的施加，土壤团聚体尤其是大颗粒土壤团聚体的形成，土壤孔隙度逐渐升高，从而使土壤容重降低，展争艳等（2005）的研究与本试验的研究结论相符。从数据中还可以看出，施加了化肥的处理与空白处理之间在各方面都没有明显的差异，这说明在施肥的第五年，化肥对土壤团聚体产生的影响已经微乎其微，而施加了菌渣的处理则与其形成了鲜明的对比。刘晓利等（2008）对不同肥力条件下红壤的水稳定性团聚体分布进行研究得到相似的结论，在林地、水田、果园中，高肥力的土壤中大颗粒土壤团聚体的含量明显高于低肥力的土壤，说明土壤中有机、无机胶结物质的含量与土壤肥力有密切的关系，一般情况下，胶结物的含量随土壤肥力的提高而增加。周萍等（2008）对太湖地区的研究表明，施肥后黄泥土以及红壤水稻土中0.2～2 mm土壤团聚体的含量明显提高，并且有机无机肥配合施用处理比单施化肥的处理土壤大颗粒团聚体所占的比例要大，差异达到显著水平，说明有机肥在加强土壤团聚体稳定性方面与化肥相比具有明显的优势。

4. 不同菌渣施用量对各粒级土壤团聚体中有机碳储量的影响

从图6-7可以看出，CK与N的各粒径团聚体有机碳储量之间没有明显的差别，不同菌渣施用量处理的各粒径团聚体有机碳储量随着菌渣施加的不同而各有差异，基本是随着施加量的增加而增加。各处理中1～2 mm和0.5～1 mm团聚体有机碳储量与本处理其他粒径相比都要高，此粒径中的土壤团聚体有机碳储量虽然随着菌渣施加量的增加而提高，但是增加幅度没有＞5mm和2～5 mm粒径的团聚体明显；J1与J2两处理中＞5 mm、2～5 mm团聚体有机碳储量差别不大，并且与CK和N相比增加幅度并不大，而J3、J4中＞5 mm、2～5 mm的团聚体有机碳储量增加量则明显增多，并且在J4中达到最大值；随着菌渣施加量的增加，各处理中＞5 mm、2～5 mm粒径的大颗粒团聚体中有机碳储量的增加量明显高于其他粒径，并且J4增加最为明显。刘恩科等（2010）的研究也得到与本试验相符的结论，在对北京市昌平区的耕层土壤的长期研究表明，化肥与有机肥配施显著增加了土壤各粒径土壤有机碳的含量，特别是＞2 mm、0.25～2 mm粒径团聚体有机碳，大颗粒水稳定性团聚体对有机碳的储存具有十分重要的作用。赵世伟等（2006）针对土壤表

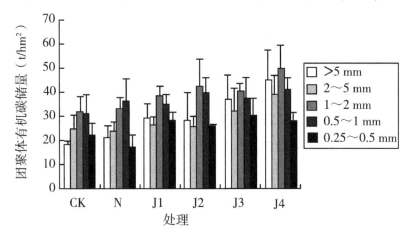

图6-7 不同菌渣施用量土壤各粒径团聚体有机碳储量

层土进行的研究得到，土壤水稳定性团聚体有机碳的含量与团聚体的粒径有明显的关系，随着土壤团聚体粒径的增大，团聚体中的有机碳含量也明显增多。本试验中得到大粒径土壤团聚有机碳的储量增加幅度明显高于小粒径团聚体有机碳，随着时间的积累，土壤中大粒径的土壤团聚体有机碳的含量势必要高于小粒径土壤团聚体，这一结论与赵世伟等（2006）的研究基本相符。

（二）不同菌渣施用量对土壤有机碳组分的影响

1. 不同菌渣施用量对土壤总有机碳的影响

从图6-8可以看出，不同菌渣施加量下土壤总有机碳含量存在明显的差异；施加有机肥条件下SOC含量明显高于不施加的处理；而施加无机肥的处理则与空白处理差异不大；J3、J4之间以及与其他各处理均存在显著性差异，J1、J2之间的差异不大，各菌渣施肥模式处理之间随着草粉施加得越多土壤总有机碳含量也呈现升高的趋势。

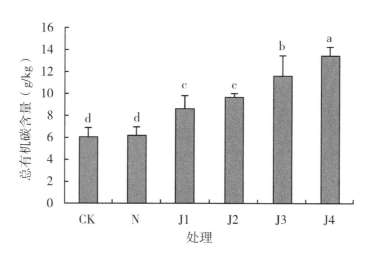

图6-8 不同菌渣施用量土壤总有机碳含量

从图6-9可以看出，CK与N的土壤有机碳储量基本上没有差异，J1、J2、J3之间显著性差异不明显，J3、J4之间显著性差异不明显，各菌渣施肥处理与CK和N相比则差异明显；整体来讲，各处理随着菌渣的施加量的增加土壤总有机碳储量随之增加，并且在全施菌渣的处理中（J4）达到最大值。

2. 不同菌渣施用量对土壤轻组有机碳的影响

通过单因素方差分析得到图6-10，可以看出，CK、N、J1、J2的土壤轻组有

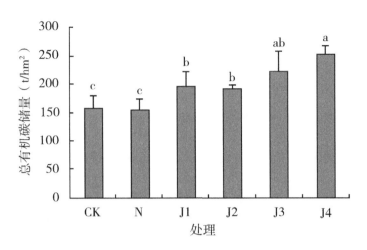

图 6-9　不同菌渣施用量土壤总有机碳储量

机碳含量没有显著性差异，J3 与 J1、J2 不存在显著性差异，但与 CK、N 已经有了显著差异；J4 与 J3 不存在显著性差异，与其他各处理之间均有明显的差异。这说明有机肥经过近五年的分解，施加较少量菌渣的处理中的轻组有机碳含量已经与不施加肥料以及只施加化肥的处理没有明显的差别。而菌渣施加量较多的 J3 与 J4 中的土壤轻组有机碳含量则较其他处理均有明显的增加。虽然 CK、N、J1、J2 之间不存在显著性差异，J3 与 J1、J2 之间不存在显著性差异，但是从总体趋势来看，各处理中轻组有机碳的含量都随着菌渣施加量的增多而增加。

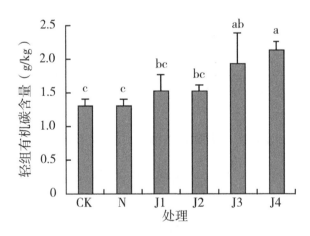

图 6-10　不同菌渣施用量土壤轻组有机碳含量的变化

3. 不同菌渣施用量对土壤颗粒有机碳的影响

从图 6-11 可以看出，不同菌渣施肥模式下土壤颗粒有机碳的含量的对比情况。

其中 CK 中的 POC 含量最少，J4 中的含量最多，含量多少顺序为 J4＞J3＞J2＞J1＞N＞CK。这说明随着菌渣施加量的增加土壤颗粒有机碳含量同样增加。CK、N 与 J1 之间，J1、J2 之间，J2、J3 之间，J3、J4 之间均不存在显著性差异，其他处理之间 POC 的含量差异显著。这说明在施肥第五年，菌渣施加量的少量增加已经对土壤颗粒有机碳含量的增加不会产生显著影响，但是大量施加依然影响明显。

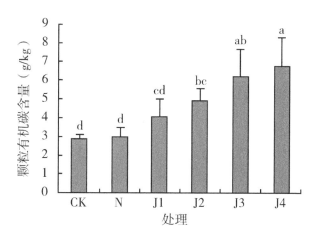

图 6-11 不同菌渣施用量土壤颗粒有机碳含量的变化

4. 不同菌渣施用量对土壤可溶性有机碳的影响

对不同处理可溶性有机碳含量进行单因素方差分析得到图 6-12。可以看出，CK 与 N 之间不存在显著性差异，各菌渣施肥处理之间也不存在显著性差异。但各菌渣施肥处理与 CK、N 之间则差异性显著。J1、J2、J3、J4 较 CK 增加了 66.04%、

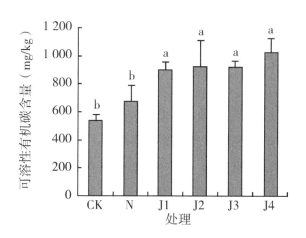

图 6-12 不同菌渣施用量土壤可溶性有机碳的变化

70.46%、70.62%、90.31%，较 N 增加了 31.86%、35.37%、35.5%、51.14%。各处理可溶性有机碳含量的顺序为：J4>J3>J2>J1>N>CK。

5. 不同菌渣施用量对土壤微生物生物量碳的影响

图 6-13 表明，CK 与 N 之间不存在显著性差异，并且含量最低；J4 处理土壤微生物量碳平均含量最大，达到 769.75 mg/kg；施加了菌渣的处理 J1、J2、J3、J4 分别与 CK、N 对比，微生物量碳含量有明显的升高存在显著性差异，并且随着菌渣施加量的增多，无机肥施加减少，微生物量碳含量增多；J1、J2 之间存在显著性差异，J2、J3 之间不存在显著性差异，施加菌渣量较多的 J3、J4 之间也不存在显著性差异，而 J2、J4 之间显著性差异明显。

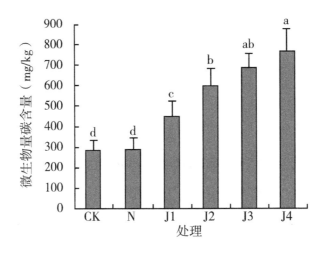

图 6-13　不同菌渣施用量土壤微生物量碳含量的变化

土壤中各有机碳组分的分解速率不同使得相同施肥条件下呈现不同的含量特点，各组分的含量也进一步决定着总有机碳的含量。不同菌渣施用量对土壤总有机碳含量和储量的影响明显，与施用化肥的处理相比，土壤 TOC 含量明显提高，随着绿肥施加量的增加总有机碳含量呈现增加的趋势，在储量方面 25%菌渣+75%氮肥的储量与 50%菌渣+50%氮肥的处理差异不大，并且 50%菌渣+50%氮肥处理的储量略小于 25%菌渣+75%氮肥处理，但整体储量是追着菌渣施用量的增加而增加的趋势，并且单施化肥的处理与空白处理在总有机碳含量和储量方面都没有明显差异。这说明，施用化肥对于土壤有机碳的积累没有明显影响，而施加有机肥则对总有机碳的含量和储量的积累都具有明显的作用。这与何云峰等（1998）的结论相符，在对潮土土壤有机碳含量的研究中得到，施加有机肥的处理比施加氮磷钾肥料的处理土壤有机碳含量提高了 75%，效果显然好于化肥。

不同菌渣施用量对土壤活性有机碳含量的影响十分显著，施加了菌渣的处理与空白和单施化肥的处理相比，土壤轻组有机碳、颗粒有机碳、可溶性有机碳、微生物量碳含量均明显提高，并且各组分含量均随着绿肥施加量的增加都呈现增加的趋势，特别是土壤微生物量碳，它的增加有明显随着菌渣施用量的增加而增加的趋势，不同菌渣施用量处理之间的微生物量碳含量均达到显著性差异，并且在全是菌渣的处理达到最大值。土壤中活性有机碳的含量与施肥措施和土地利用方式具有明显的关系，施肥特别是有机肥的施加以及减少土壤的翻新搅动都能明显提高土壤活性有机碳的含量。沈宏等（1999）通过对耕地土壤进行长期研究发现，施肥对耕地土壤中的微生物量碳、易氧化碳和可矿化碳的含量有很大的影响，与空白对照和无机肥处理相比，有机肥的施加、有机无机肥的配施，土壤活性有机碳的含量明显提高，并且显著高于空白及无机肥处理。张迪等（2008）在对黑土中的活性有机碳进行研究后得到，与单施化肥相比，长期化肥配施有机肥草地土壤及农田土壤 0～20 mm 层中的活性有机碳的含量能够明显提高。

（三）不同菌渣施用量对土壤有机碳矿化的影响

1. 不同菌渣施用量对土壤有机碳矿化速率的影响

如图 6-14 所示，随着培养时间的变化，各处理土壤有机碳矿化速率的动态变化规律基本相似，各施肥处理的有机碳矿化速率前期迅速下降，培养至第 8 天时降至初始速率的 28.47%～37.31%，在第 8 天之后下降速度明显降低，停止下降而趋

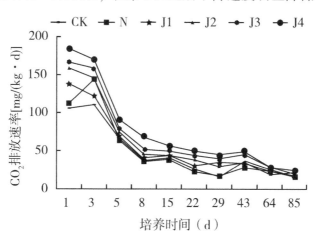

图 6-14 不同菌渣施用量柑橘园土壤有机碳矿化速率

于稳定则出现在第 29 天以后。在整个培养过程中，前期土壤有机碳矿化速率下降极快，中期下降较慢，后期速率则趋于平稳。在培养前 8 天，各菌渣处理与 CK 和 N 相比均有显著差异，土壤有机碳矿化速率随有机肥施肥量的增加而增大，其中 J4 矿化速率最高，与其他处理相比差异明显。与草粉施肥模式相比，菌渣施肥模式土壤矿化速率明显较低。各菌渣施用量处理土壤有机碳平均矿化速率的大小顺序为 J4＞J3＞J2＞J1＞N≈CK，各处理间除 CK 与 N 之间外均差异显著。

2. 不同菌渣施用量对土壤有机碳累积矿化量的影响

如图 6-15 所示，CK 与 N 之间土壤有机碳积累矿化量在各个时间段的差异均不显著。而不同菌渣施用量的处理之间在不同的培养时间内矿化量明显不同，随着菌渣施加量的增加积累矿化量也相应增加，与 CK、N 之间的差异也达到显著性水平；J1、J2 之间的显著性差异不明显，J3、J4 之间以及与其他各处理之间均达到显著差异。培养的前期和后期土壤有机碳积累矿化量差别很大，前期的释放量明显比后期要大，其中培养前 22 天 CO_2 释放量占总累积矿化量的 41.27%～45.08%；在 22 天时，J4、J3、J2、J1 的积累量为 CK 的 1.57 倍、1.37 倍、1.23 倍、1.11 倍，在第 85 天时为 1.51 倍、1.36 倍、1.13 倍、1.09 倍。全施菌渣的处理有机碳积累矿化量最大，与其他处理的差异均达到显著性水平。

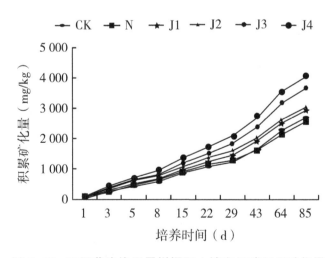

图 6-15　不同菌渣施用量柑橘园土壤有机碳积累矿化量

3. 不同菌渣施用量柑橘园土壤有机碳矿化参数的变化

通过稍作改进的一级动力学模型对不同绿肥施用量土壤有机碳矿化进行模拟得到表 6-12，从拟合模型公式中的参数通过计算得到表 6-13，从表 6-13 中可以得到，C_0、$C_0 \times k$ 都随着菌渣施加量的增加而提高，即菌渣施加量对土壤可矿化有机碳量和初始潜在矿化速率影响明显；而易矿化有机碳量各处理之间并没有随着菌渣施加量的不同而呈现梯度差异，并且没有明显的规律；J4 的可矿化有机碳量、初始潜在矿化速率与其他各处理间均存在显著性差异；C_0 / TOC 的比值在 CK、N 达到最大值，即 CK、N 土壤中总有机碳中潜在可矿化有机碳量占有比例较高，并且与施加菌渣的各处理之间均存在显著性差异；土壤潜在可矿化有机碳量占土壤有机碳量的比值在 J2、J4 达到最小值，并且两者与其他各处理之间存在显著性差异，不同菌渣施用量处理土壤潜在可矿化有机碳量占土壤有机碳量的比例为 J1＞J3＞J4＞J2，J4、J2 之间以及 J3、J1 之间不存在显著性差异。$t_{0.5}$ 代表土壤有机碳矿化的半衰期，反映了土壤可矿化有机碳矿化至一半时所用的时间，从表中可以看出 J2 处理达到最小值，各处理大小顺序为 CK＞J3＞J1＞N＞J4＞J2。

表 6-12　不同菌渣施用量柑橘园土壤有机碳矿化的一级动力学模型

处理	拟合模型	R^2
CK	$C_t = 3\ 180.162\ 7[1 - EXP(-0.011\ 805t)] + 154.179\ 0$	0.991 2
N	$C_t = 3\ 195.619\ 3[1 - EXP(-0.015\ 359t)] + 192.367\ 5$	0.985 2
J1	$C_t = 3\ 869.230\ 2[1 - EXP(-0.014\ 943t)] + 159.527\ 4$	0.994 7
J2	$C_t = 3\ 598.852\ 8[1 - EXP(-0.017\ 967t)] + 193.322\ 3$	0.992 5
J3	$C_t = 4\ 919.164\ 4[1 - EXP(-0.014\ 517t)] + 194.034\ 0$	0.994 9
J4	$C_t = 5\ 168.253\ 0[1 - EXP(-0.016\ 294t)] + 196.589\ 3$	0.995 5

表 6-13　不同菌渣施用量柑橘园土壤有机碳矿化拟合模型的参数

处理	C_0 （mg/kg）	k （1/d）	C_1 （mg/kg）	$C_0 \times k$ [mg/ (kg·d)]	C_0/TOC （比值）	$t_{0.5}$ （d）
CK	3 180.163 d	0.012 c	154.179 b	37.542 e	0.525 a	5.132 a
N	3 195.619 d	0.015 b	192.368 a	49.082 d	0.513 a	4.869 bc
J1	3 869.230 b	0.015 b	159.527 b	57.818 d	0.449 b	4.897 bc
J2	3 598.853 c	0.018 a	193.322 a	64.661 c	0.372 c	4.712 c
J3	4 919.164 b	0.015 b	194.034 a	71.412 b	0.424 b	4.926 b
J4	5 168.253 a	0.016 b	196.589 a	84.212 a	0.384 bc	4.810 bc

　　土壤有机碳矿化对大气中温室气体的含量具有重要的影响作用，同时关系到土壤中各种养分元素的释放，影响土壤肥力。陈吉等（2009）研究发现，在培养过程中，土壤二氧化碳积累矿化量随着有机肥施加量的增加而提高，并且施加有机肥及有机无机肥配施的处理要高于 NPK 施肥处理及不施肥处理。李梦雅等（2009）通过对红壤的研究得到，长期施用有机肥的土壤中潜在有机碳矿化量要大于有机无机肥配施的土壤，并且两者的潜在有机碳矿化量含量都要明显大于施用 NPK 化肥处理及不施肥处理。本章菌渣施肥试验研究结果表明，土壤有机碳积累矿化量大小顺序为：全施菌渣＞菌渣配施化肥＞单施化肥≈不施肥处理；在菌渣配施化肥的各处理中，随着菌渣施用量的增加，土壤有机碳积累矿量相应增加。不同菌渣施用量土壤潜在可矿化有机碳量占总有机碳的比例的大小顺序为不施肥＞单施化肥＞菌渣化肥配施＞全施菌渣；在施用菌渣的处理中，虽然菌渣施用量不同，但是土壤潜在可矿化有机碳量与总有机碳的比值都要远小于不施肥和单施化肥的处理，并且除 50%菌渣+50%氮肥处理外菌渣施加量较少的处理比值要大于菌渣施加量较多的处理，说明通过施用菌渣或者菌渣配施化肥都可以使土壤有机碳的积累。土壤微生物的呼吸作为土壤有机碳矿化的主要来源，土壤活性有机碳的含量会随着有机肥的施用而提高，有机肥的施用不仅改善土壤性状，也为土壤中的微生物带来了能量及养分来源，继而提高了土壤中微生物活性，使其呼吸加强，土壤有机碳矿化量也就随之大量增加，所以与土壤中活性有机碳组分的含量的提高相对应，全施绿肥以及绿肥配施化肥的施肥模式的土壤中微生物具有较高的活性、较强的呼吸，有机碳的矿化量自然越大。

第五节　菌糠无土栽培马尼拉草的研究

一、不同栽培基质筛选试验

（一）不同栽培基质的筛选试验

研究材料为菌糠（香菇菌糠）、谷壳、地膜、马尼拉草坪、三元复合肥、尿素。

1. 处理

试验设 4 个处理：①菌糠 100%；②菌糠 50%、谷壳 50%；③谷壳 100%；以大田有土栽培为 CK。每个处理 3 个重复，每个试验小区面积为 5 m²，随机排列。

2. 试验步骤

将耕地整平，每个试验小区整成长×宽＝5 m×1 m 的畦，将垫底物平铺畦上。然后均匀地铺上 3 kg/m²（约 3 cm 厚）的试验基质，将用作种草的草坪拆散、切短，然后均匀地撒在基质上，加盖 1 kg/m²（约 1cm 厚）相对应的试验基质。试验基质用量均为 4 kg/m²（干重，下同），种草草坪用量为试验面积的 15%。采用微喷灌，晴天每天喷 3 次，阴天 1～2 次，雨天不喷。种后 7 d 浇施一次复合肥，用量 20 g/m²；之后每隔 15 d 撒施一次尿素，连续施 2 次，每次用量 50 g/m²，总施肥量计 120 g/m²。

3. 试验观测项目

包括生根时间、返青时间、病虫害情况、成坪时间（生产周期）、综合质量。

从表 6-14 中可以看出：生产周期最短的是处理 1 和处理 2，分别为 70 d 和 78 d，均比 CK 短；综合质量最好的是处理 1 菌糠组。因为菌糠基质本身富含营养成分，保水性好，很适合作为草坪的栽培基质。

表 6-14　基质试验结果

观测项目	处理 1	处理 2	处理 3	CK
生长速度（mm/d）	4.7	5.1	4.5	4.6
生长周期（d）	70	78	90	80
综合质量	好	中	差	中
基质重量（kg/m²）	4	2+2	2+2	0

（二）同一基质不同配方筛选试验

研究材料为菌糠（香菇菌糠）、谷壳、地膜、马尼拉草坪、马尼拉草、三元复合肥。根据菌糠和谷壳的比例不同，试验设 5 个处理；以菌糠基质为 CK。每个处理 3 个重复，每个试验小区面积 5 m²，随机排列。各处理菌糠和谷壳的比例见表 6-15。

表 6-15 各处理菌糠和谷壳的比例

基质比例处理	菌糠（%）	谷壳（%）	备注
处理 1	80	20	基质总量
处理 2	60	40	2 kg/m²
处理 3	40	60	
处理 4	20	80	
处理 5	0	100	
CK	100	0	

具体操作：将试验地整平，铺上地膜，然后均匀地铺上 1 kg/m² 的试验基质，将拆切处理后的马尼拉草均匀地撒在试验基质上，再加盖 1 kg/m² 的试验基质。试验基质总量为 2 kg/m²（干重），种草草坪用量为试验面积的 10%。采用自动微喷灌，保持基质湿润。晴天喷水 3~5 次/d（每次 15 min），阴天 1~2 次，雨天不喷。种植后 5 d 开始撒施第一次三元复合肥，之后每隔 7 d 撒施一次，共 7 次，总施肥量为 100 g/m²，7 次施肥量依次为：5 g/m²、10 g/m²、15 g/m²、15 g/m²、15 g/m²、20 g/m²、20 g/m²。试验观察内容包括生根时间、返青时间、成坪时间、杂草情况、病虫害情况、综合质量。

从表 6-16 可以看出：各处理的生根时间、返青时间、杂草生长、病虫害除处理 5 有少量螨虫外，均无差异；成坪时间处理 1 最短仅 65 d、其次是处理 2 为 68 d、然后是处理 3 和处理 4 均为 70 d，均与 CK 的 68 d 相差不大。处理 5 最长，需 80 d，比 CK 长 12 d，相差较大。

表 6-16 各处理的试验结果

观察项目	处理 1	处理 2	处理 3	处理 4	处理 5	CK
生根时间（d）	3	3	3	3	3	3
返青时间（d）	7	7	7	7	7	7
成坪时间（d）	65	68	70	70	80	68
杂草情况	少	少	无	无	无	少
病虫害	无	无	无	无	少量螨虫	无
综合质量	较好	较好	好	好	一般	较好

从试验中观察到，在草坪生长中期（即草坪密度为 50%）之前，各处理的长势和生长速度几乎没有差别，但在这之后就逐渐显现差异，其中处理 5 生长速度明显缓慢、长势也差。这与处理 5 的基质全是谷壳有关，因为谷壳基质没有营养，草坪生长后期需肥量大，无法满足其需求，故生长速度明显缓慢。

处理 1 菌糠基质营养成分丰富，谷壳基质几乎没什么营养，但是试验结果显示处理 3 和处理 4 的配方草坪生长最好，这说明菌糠基质量加入一定比例的谷壳后，既能保证栽培基质的营养，又可改善栽培基质的物理性状，更有利于草坪生长。

二、菌糠不同用量作栽培基质试验

研究材料为菌糠（香菇菌糠）、地膜、马尼拉草坪、三元复合肥、尿素。以地膜为垫底物，以菌糠为基质。试验设 5 个处理：处理 1 为 1 kg；处理 2 为 2 kg；处理 3 为 3 kg；处理 4 为 4 kg；处理 5 为 5 kg；以大田有土栽培为 CK，每个处理 3 个重复，每个试验小区面积 5 m^2，随机排列。

具体操作步骤：将耕地整平，每个试验小区做成长×宽＝5 m×1 m 的畦，将垫底物平铺畦上。菌糠基质用量按试验设计，种草草坪用量为试验面积的 15%。种植技术，处理 1 是先均匀铺上种草，再覆盖全部基质（1 kg）；其余处理均是先铺上基质，然后撒上种草，再覆盖 1 kg 基质。采用微喷灌，晴天每天喷 3 次，阴天 1～2次，雨天不喷。种后 7 d 浇施一次复合肥，用量 20 g/m^2，之后每隔 15 d 撒施一次尿素，连续施 2 次，每次用量 50 g/m^2，总施肥量计 120 g/m^2。试验观测项目有：生长速度、成坪时间（生产周期）、综合质量、成本。

各处理 3 d 内均能长出新根从表 6-17 可以看出：各个处理的草坪质量都比 CK好；生产周期除处理 1 性比 CK 长 10 d 外，其他处理都比 CK 短，其中处理 2 和处理 3 比 CK 短 5 d，处理 4 短 10 d，处理 5 短 14 d；处理 1 前期水分保持不好，种草死亡较多，生产周期比 CK 还长，不可采用。

表 6-17　基质用量试验结果

观测项目	处理 1	处理 2	处理 3	处理 4	处理 5	CK
生长速度（mm/d）	3.8	4.1	4.1	4.7	5.8	
生产周期（d）	90	75	75	70	66	80
草坪质量	好	好	好	好	好	较好

在一定范围内，随着基质用量的增加，草坪生长速度加快，生产周期缩短，处理 2 和处理 3 的生产周期一样，均比 CK 缩短 5 d，同时基质量越少，草坪运输也越方便。因此，从综合指标上看，本试验选择处理 2 即 2 kg/m² 的菌糠基质，可满足草坪生长，适宜作为生产上的栽培基质用量。

三、不同用量种草栽培试验

研究材料为草坪、菌糠（香菇菌糠）、谷壳、地膜、三元复合肥，比较不同的种草用量以及有土栽培间的草坪生长密度。种草用量分别为①5%、②10%、③15%、④20%、⑤25%、⑥30%、⑦35%、⑧40%、⑨有土草坪（CK）9 个处理，每个处理 3 个重复。每个试验小区栽培面积 5 m²，试验采用随机排列。具体做法：先将耕地整平，每个试验小区做成长×宽=2.5 m×2 m 的畦，将垫底物平铺畦上，随机排列各处理。将用作种草的草坪拆散、切短，然后均匀地撒在垫底物上，再均匀地覆盖上栽培基质，栽培基质为菌糠 20%+谷壳 80% 混合，用量为干重 2 kg/m²，种草草坪用量为试验面积的 5%～40% 不等。采用自动微喷灌，晴天每天喷 3～4 次，阴天 1～2 次，雨天不喷。除施肥外，其他管理措施同常规栽培。施肥管理：施肥总量为三元复合肥 100 g/m²，施肥间隔为 6 d，因考虑到用种量不同，可能造成每个处理的成坪时间不相同，故每个处理的施肥次数及每次施肥量也不同。具体如下：种草用量为 5%～15% 分 9 次施，分别为总用肥量的 5 g/m²、5 g/m²、10 g/m²、10 g/m²、10 g/m²、10 g/m²、15 g/m²、15 g/m²、20 g/m²；种草用量为 20%～25% 分 8 次施，分别为总用肥量的 5 g/m²、5 g/m²、10 g/m²、10 g/m²、15 g/m²、15 g/m²、20 g/m²、20 g/m²；种草用量为 30%～40% 分 7 次施，分别为总用肥量的 5 g/m²、10 g/m²、15 g/m²、15 g/m²、15 g/m²、20 g/m²、20 g/m²（比较不同的施肥量以及有土栽培间的草坪生长密度）。

从表 6-18、图 6-16 可以看出：各处理发根和转青一致，分别为 4～5 d 和 5～6 d；种草用量为 40% 成坪时间最短 53 d，然后依次为：35% 的 55 d、30% 的 57 d、25% 的 60 d、20% 的 60 d、15% 的 65 d、10% 的 75 d，均比 CK 短；种草用量为 5% 成坪时间最长为 88 d，比 CK 长；种草成本处理 2 到处理 8 均比 CK 高，处理 1 与 CK 一样。

表 6-18　种草用量与生产周期的关系

记载项目 处理	转青期 （d）	发根期 （d）	密度 33% （d）	密度 66% （d）	成坪 （d）	种草成本 （元/m²）
处理 1	5～6	4～5	50	70	89	0.15

（续表）

记载项目 处理	转青期 （d）	发根期 （d）	密度33% （d）	密度66% （d）	成坪 （d）	种草成本 （元/m²）
处理 2	5～6	4～5	40	60	75	0.30
处理 3	5～6	4～5	30	60	65	0.45
处理 4	5～6	4～5	25	60	60	0.60
处理 5	5～6	4～5	16	50	60	0.75
处理 6	5～6	4～5	15	46	57	0.90
处理 7	5～6	4～5	14	43	55	1.05
处理 8	5～6	4～5	14	40	53	1.20
处理 9（CK）	5～6	4～5	45	66	82	0.15

注：按种草价格 3 元/m² 计算成本，试验结果 3 重复平均值。

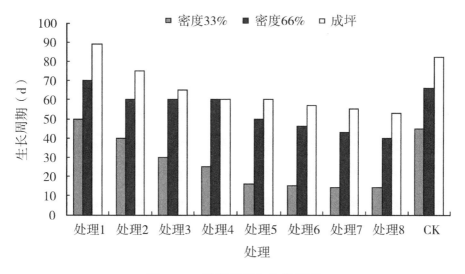

图 6-16　种草用量与生长周期

从试验结果可以看出，成坪时间与种草用量呈正相关，但是当种草用量太多时，会造成种草重叠，其利用率会降低。所以当种草用量在 5%～20% 时，种草用量相差 15%，成坪时间相差 29 d，差异较大，说明种草利用率较高，可节省成本；当种草用量在 20%～40% 时，种草用量相差 20%，成坪时间相 7 d，差异不大，说明种草利用率低，造成种草成本浪费。

从试验结果可以看出，种草用量 10% 以上都比有土栽培（CK）的生产周期短；

只有种草用量为 5% 的生产周期比有土栽培（CK）长。因此，在生产应用上利用 10% 以上种草用量的无土栽培效果均优于有土栽培，其中以种草用量在 10%～20% 较为适合。

种草用量在 10%～20% 较适合范围内，随着种草用量的增加生产成本也随着增加，所以在实际生产中要根据生产周期和生产成本来选用种草的用量。

四、不同施肥量栽培试验

分别对常用的肥料品种（尿素、三元复合肥、草坪专用缓释肥）的施肥量及其施用方式进行筛选和比对试验。

（一）菌糠基质三元复合肥的最佳施用量

研究材料为地膜、菌糠（香菇菌糠）、马尼拉草、三元复合肥。根据施肥量不同，试验设 7 个处理（表 6-19），以大田有土栽培为对照（CK）。每个处理 3 次重复，每个试验小区 5 m²，随机排列。

表 6-19　各处理的施肥量（g/m²）

处理	1	2	3	4	5	6	7
施肥量	0	30	60	90	120	150	200

具体做法：将试验地整平，铺上地膜。采用"半覆盖"种植技术，基质总量为 2 kg/m²，种草草坪用量为试验面积的 10%。采用自动微喷灌，保持基质湿润。晴天喷水 4 次/d（每次 15 min），阴天 1～2 次，雨天不喷。种植后 5 d 开始撒施第一次三元复合肥，之后每隔 7 d 左右撒施一次，共 8 次，每次施肥量见表 6-20。试验观察内容包括生根时间、返青时间、成坪时间、杂草情况、病虫害情况、综合质量、施肥成本。

表 6-20　各处理每次的施肥量（g/m²）

处理	施肥次数								
	处理 1	处理 2	处理 3	处理 4	处理 5	处理 6	处理 7	处理 8	总量
处理 1	0	0	0	0	0	0	0	0	0

（续表）

处理	施肥次数								
	处理 1	处理 2	处理 3	处理 4	处理 5	处理 6	处理 7	处理 8	总量
处理 2	3	3	3	3	4	4	5	5	30
处理 3	5	5	5	5	10	10	10	10	60
处理 4	5	5	10	10	15	15	15	15	90
处理 5	5	10	10	15	20	20	20	20	120
处理 6	5	10	15	20	20	30	30	20	150
处理 7	5	15	20	30	30	35	30	35	200

种植后第 65 天测定生产周期，结果见表 6-21。从 6-21 表中可以看出：处理 1 的密度仍可达到 50%，说明菌糠基质本身含有较好的营养成分，前期生长基本能满足，中后期生长无法满足；处理 2 的生产周期比 CK 长，说明施肥量 30 g/m² 时，还无法可满足马尼拉草生长；处理 3、4、5、6、7 生产周期分别比 CK 短 5 d、15 d、20 d、22 d、22 d，说明施肥量达到 60 g/m² 时已能满足草坪生长需要。其中施肥量为 60～120 g/m² 时，施肥量增加 60 g/m² 生产周期可缩短 15 d，施肥效果明显；施肥量为 120～200 g/m² 时，施肥量增加 80 g/m² 生产周期仅缩短 2 d，说明书施肥效果不明显；当施肥量达到 200 g/m² 时，马尼拉草生长速度没有加快，但也没有出现肥害。一方面说明马尼拉草极耐肥，另一方面说明菌糠基质保肥能力好，能够缓释。

表 6-21　各处理的成坪时间

处理	处理 1	处理 2	处理 3	处理 4	处理 5	处理 6	处理 7	CK
成坪时间（紧密度%）	50	80	75	65	60	58	58	80

综上所述，菌糠基质栽培施肥量在 60～120 g/m² 的马尼拉草坪生长快，施肥效果最好。因此，生产正常选用施肥量为 60～120 g/m²。

（二）添加专用缓释肥对菌糠基质的施用效果

研究材料为草坪专用缓释肥、三元复合肥、地膜、菌糠（香菇菌糠）、谷壳、马尼拉草坪草。根据草坪专用缓释肥的用量设 3 个处理，处理 1 为 10 g/m²，处理 2 为 20 g/m²，处理 3 为 30 g/m²；以不施为对照（CK）；3 种栽培基质为菌糠 100%、菌糠 50%+谷壳 50%、谷壳 100%。种植后立即分别撒施草坪专用缓释肥。同时，在种植后 7 d 撒施三元复合肥，共施 5 次，每次 20 g/m²，共计 100 g/m²。试验共有 12 个处理，每个处理 3 次重复，每个试验小区 5 m²，随机排列。其余做法、试验管理，同前述试验。观测生产周期。施用效果见表 6-22。

表 6-22　添加专用缓释肥对菌糠和谷壳基质的施用效果

处理	基质		
	菌糠（100%） （d）	菌糠（50%）+ 谷壳（50%）（d）	谷壳（100%）
处理 1	73	83	50%成坪
处理 2	73	78	50%成坪
处理 3	73	76	70%成坪
CK	73	83	50%成坪

从 6-22 表可以看出：增施草坪专用缓释肥对菌糠基质的生产周期没有作用，可能是菌糠基质本身含有较多的营养成分能满足草坪吸收利用，故增施草坪专用缓释肥无效果。

对谷壳 100%基质而言，处理 1 和处理 2 与 CK 的生产周期一样，没有效果；处理 3 比 CK 的紧密度增加 20%，施用效果明显。说明增施草坪专用缓释肥达到 30 g/m²以上时，对谷壳 100%基质才有效果。

对菌糠 50%+谷壳 50%基质而言，处理 1 与 CK 的生产周期一样均为 83 d，没有效果；处理 2 和处理 3 分别比 CK 的生产周期短 5 d 和 7 d，有一定效果，且随着施肥用量的增加，生产周期缩短。说明增施草坪专用缓释肥达到 20 g/m² 以上时，对菌糠 50%+谷壳 50%基质才有效果。

综上所述，增施一定量的草坪专用缓释肥对谷壳 100%基质和菌糠+谷壳混合基质能产生一定效果，但对菌糠 100%基质没有效果。因增施一定量的草坪专用缓释肥会增加生产成本，故生产上可根据需要决定是否使用。

（三）不同比例的菌糠和谷壳混合基质三元复合肥施用量筛选试验

研究材料为菌糠、谷壳、马尼拉草、地膜、三元复合肥。根据菌糠添加谷壳基质的不同变量，设 4 个处理（称"处理 A"，见表 6-23），以菌糠 100% 为 CK。

表 6-23 各处理基质比例

基质成分	A1	A2	A3	A4	CK
菌糠（%）	20	40	60	80	100
谷壳（%）	80	60	40	20	0
成本（元）	0.216	0.312	0.408	0.504	0.60

根据施肥量不同，又设 6 个处理（称"处理 B"，见表 6-24），以 100 g/m^2 为 CK。

表 6-24 不同施肥量处理

计算项目	B1	B2	B3	B4	B5	B6	CK
施肥量	0	50	100	150	200	250	100
成本（元）	0	0.08	0.16	0.26	0.32	0.40	0.16

将上述处理 A 和处理 B 两种变量相互交叉，整个试验设 24 个处理（见表 6-25），1 个对照（CK）。每个处理 3 次重复，每个试验小区 5 m^2，随机排列。

表 6-25 交叉后的 24 个处理和 CK

处理 A	处理 B					
	B1	B2	B3	B4	B5	B6
A1	A1B1	A1B2	A1B3	A1B4	A1B5	A1B6
A2	A2B1	A2B2	A2B3	A2B4	A2B5	A2B6
A3	A3B1	A3B2	A3B3	A3B4	A3B5	A3B6
A4	A4B1	A4B2	A4B3	A4B4	A4B5	A4B6
CK						

具体做法：将菌糠和谷壳基质按比例混合，喷湿，用塑膜盖住，堆沤 10 d，整细、混合均匀待用。将试验地整平，铺上地膜，然后均匀地铺上 1 kg/m^2（干重）栽培基质，将拆切处理后的马尼拉草均匀地撒在基质上，再加盖 1 kg/m^2（干

重）的基质。基质总量为 2 kg/m²，种草草坪用量为试验面积的 10%。采用自动微喷灌，保持基质湿润。晴天喷水 4 次/d（每次 15 min），阴天 1~2 次，雨天不喷。种植后 5 d 开始撒施第一次三元复合肥，之后每隔 7 d 撒施一次，共 8 次，每次施肥量见表 6-26。65 d 观察成坪时间。

表 6-26　处理 B 的每次施肥量（g/m²）

处理 B	次数								
	处理 1	处理 2	处理 3	处理 4	处理 5	处理 6	处理 7	处理 8	总量
B1	0	0	0	0	0	0	0	0	0
B2	3	5	5	5	5	10	10	7	50
B3	5	5	10	10	15	20	20	15	100
B4	5	10	15	20	20	25	30	25	150
B5	5	15	20	30	30	35	35	30	200
B6	5	15	30	40	40	40	40	40	250

各处理成坪时间见表 6-27。

表 6-27　各处理成坪时间

处理 A	处理 B					
	B1	B2	B3	B4	B5	B6
A1	30%	70%	65 d	60 d	58 d	58 d
A2	35%	75%	65 d	60 d	58 d	58 d
A3	40%	85%	60 d	60 d	58 d	58 d
A4	45%	95%	60 d	60 d	58 d	58 d
CK	65 d					

各处理成本见表 6-28。

表 6-28　各处理成本（元/m²）

处理 A	处理 B					
	B1 = 0	B2 = 0.08	B3 = 0.16	B4 = 0.24	B5 = 0.32	B6 = 0.40
A1 = 0.216	0.216	0.296	0.376	0.456	0.536	0.616

（续表）

处理 A	处理 B					
	B1＝0	B2＝0.08	B3＝0.16	B4＝0.24	B5＝0.32	B6＝0.40
A2＝0.312 3	0.312	0.392	0.472	0.552	0.632	0.712
A3＝0.408	0.408	0.488	0.568	0.648	0.728	0.808
A4＝0.504	0.584	0.584	0.664	0.744	0.824	0.904
CK＝0.60	0.76					

注：按菌糠 30 元/100 kg、谷壳 6 元/100 kg、三元复合肥 160 元/100 kg 计成本。

从表 6-27 可以看出：如果不施肥，所有试验基质自身的营养都不能满足草坪生长，无法成坪。说明 B1 无法满足草坪生长；当施肥量为 B2（50 g/m²）时，各试验基质处理成坪时间均长于 CK，但 A4 基本接近 CK。说明 B2 的施肥量也无法满足草坪生长；当施肥量为 B3（100 g/m²）时，试验基质 A1、A2 与 CK 的成坪时间均为 65 d，A3、A4 均比 CK 短 5 d，说明 B3 已经能满足全部试验基质的草坪生长需要；当施肥量为 B4（150 g/m²）时，各试验基质处理成坪时间均为 60 d，均比 CK 短 5 d，说明 B4 能进一步缩短试验基质的成坪时间；当施肥量为 B5（200 g/m²）和 B6（250 g/m²）时，各试验基质处理成坪时间均为 58 d，均比 CK 短 7 d，说明 B5 能进一步缩短试验基质的成坪时间，而 B6 没有进一步效果。

从表 6-28 可以看出：在一定范围内当施肥量增加时，各试验基质的成坪时间缩短。当施肥量在 150 g/m² 以下时，施肥对缩短成坪时间的作用明显；当施肥量达 150 g/m² 以上时，对缩短成坪时间的作用不明显。当施肥量达 200 g/m² 以上时，施肥对缩短成坪时间没有作用，说明施肥量达到饱和。

从表 6-27、表 6-28 可以看出：CK 的成本是 0.76 元/m²，成坪时间与 CK 相同为 65 d 的成本最低的是 A1+B3 为 0.376 元/m²，比 CK 低 0.384 元/m²；成坪时间比 CK 短 5 d 的成本最低的是 A1+B4 为 0.456 元/m²，比 CK 低 0.304 元/m²；成坪时间比 CK 短 7 d 的成本最低的是 A1+B5 为 0.536 元/m²，比 CK 低 0.224 元/m²。

综上所述，能满足成坪时间 65 d 的，以处理 A1+B3 的成本最低，为生产首选。亦即采用菌糠 20%+谷壳 80%的基质、选择三元复合肥 100 g/m² 为生产首选。如果为了加快成坪速度，在增加一定生产成本的前提下，也可以选择 A1+B4 和 A1+B5，亦即以菌糠 20%+谷壳 80%为基质，可增加三元复合肥施用量至 200 g/m²。

参考文献

陈吉，赵炳梓，张佳宝，等，2009. 长期施肥潮土在玉米季施肥初期的有机碳矿化过程研究 [J]. 土壤，41（5）：719-725.

陈君琛，沈恒胜，汤葆莎，等，2005. 农作物秸秆高效栽培珍稀食用菌研究 [J]. 菌物学报（增）：204-208.

陈君琛，沈恒胜，汤葆莎，等，2006. 食用菌菌糠再利用技术研究 [J]. 中国农学通报（11）：410-412.

陈君琛，沈恒胜，涂杰峰，等，2004. 农业废弃资源栽培食用菌研究 [J]. 福建农业学报（增）：122-124.

邓蓉，2000. 无土栽培中不同基质对草坪草生长的影响 [J]. 贵州农业科学（2）：35-36.

杜纪格，万四新，王尚垒，2006. 利用平菇菌糠培养料栽培鸡腿菇的试验研究 [J]. 安徽农业科学，34（21）：5501，5537.

郭海增，许海生，王莎，等，2006. 白灵菇废菌糠袋栽鸡腿菇高效技术 [J]. 当代蔬菜（9）：30.

何华奇，潘勇，高夕全，等，1996. 菌糖配合饲料饲养肉用仔鸡试验 [J]. 畜牧与兽医（4）：147-149.

何云峰，徐建民，侯惠珍，等，1998. 有机无机复合作用对红壤团聚体组成及腐殖质氧化稳定性的影响 [J]. 浙江农业学报，10（4）：197-200.

胡保明，程雪梅，史晓婧，2005. 利用香菇菌糠栽培草菇技术 [J]. 食用菌（4）：30-31.

胡保明，程雪梅，王华，等，2005. 香菇菌糠栽培鸡腿菇 [J]. 农业知识（5）：29.

李超，王绍斌，刘燕洁，2007. 金针菇菌糠饲喂昌图鹅仔鹅试验 [J]. 食用菌（3）：60-61.

李光河，2005. 用平菇菌糠可栽培草菇 [J]. 北京农业（4）：20.

李进杰，蒋明琴，2006. 平菇菌糠替代部分麸皮对育肥猪生长性能的影响试验 [J]. 今日畜牧兽医（10）：4-5.

李俐俐，刘天学，2007. 平菇菌糠提取液对 5 种食用菌菌丝生长的影响 [J]. 安徽农业科学，35（2）：430，432.

李俐俐，刘天学，古红梅，2007. 平菇菌糠水提物对棉种萌发和幼苗生长的化感效应 [J]. 安徽农业科学（7）：1916-1917.

李梦雅，王伯仁，徐明岗，等，2009. 长期施肥对红壤有机碳矿化及微生物活性的影响 [J]. 核农学报，23（6）：1043-1049.

刘恩科，赵秉强，梅旭荣，等，2010. 不同施肥处理对土壤水稳定性团聚体及有机碳分布的影响 [J]. 生态学报，30（4）：1035-1041.

刘士旺，2009. 我国食用菌产业发展与研究动态 [J]. 中国食用菌（1）：60-61.

刘晓利，何园球，李成亮，等，2008. 不同利用方式和肥力红壤中水稳性团聚体分布及物理性质特征 [J]. 土壤学报，45（3）：459-465.

马玉胜，1996. 食用菌糠喂奶山羊的试验效果 [J]. 饲料博览，8（1）：13-14.

孟丽，杨文平，陈雪华，2003，菌糠在双孢蘑菇菌种生产中的应用研究 [J]. 中国食用菌（6）：21-22.

闵冬青，唐昌林，周利民，2007. 菌糠栽培鸡腿蘑配方比较试验 [J]. 食用菌（1）：32-33.

宁康健，应如海，钟德山，等，1994. 蘑菇菌糠饲养肉仔鸡效果的研究（12）：33-34.

沈恒胜，陈君琛，汤葆莎，2007. 栽培料纤维组分对食用菌微营养品质特性的影响 [J]. 福建农业学报（4）：337-340.

沈宏，曹志洪，胡正义，1999. 土壤活性有机碳的表征及其生态效应 [J]. 生态学杂志，18（3）：32-38.

陶新，2007. 菌糠在动物日粮中的应用效果 [J]. 广东饲料（2）：45-46.

陶新，汪以真，许梓荣，2004. 菌糠及其在动物日粮中的应用效果 [J]. 饲料工业（2）：8.

谢嘉霖，2006. 几种草坪草的无土栽培试验 [J]. 北方园艺（3）：15-17.

谢嘉霖，徐秋华，2006. 几种草坪草的无土栽培试验 [J]. 北方园艺（5）：140-141.

姚云，2006. 一种菌糠饲料的制作方法 [J]. 中国食用菌（1）：25.

展争艳，李小刚，张德罡，等，2005. 利用方式对高寒牧区土壤有机碳含量及土壤结构性质的影响 [J]. 土壤学报，42（5）：777-782.

张迪，韩晓增，李海波，等，2008. 不同植被覆盖与施肥管理对黑土活性有机碳及碳库管理指数的影响 [J]. 生态与农村环境学报，24（4）：1-5.

张广杰，陈永玲，2005. 白灵菇废料加玉米芯生料栽培平菇 [J]. 食用菌（1）：27-28.

张坚，陈铁桥，肖兵南，2007. 香菇木屑菌糠中 5 种饲用添加酶活性的测定与分析 [J]. 中国饲料（2）：32-34，38.

张永新，马兆临，2006. 白灵菇菌糠的再利用 [J]. 北京农业（12）：25-26.

赵启光，王尚垄，王亮，等，2007. 利用平菇菌糠栽培鸡腿菇培养料配方试验研究 [J]. 北方园艺（2）：167-168.

赵世伟，苏静，吴金水，等，2006. 子午岭植被恢复过程中土壤团聚体有机碳含量的变化 [J]. 水土保持学报，20（3）：121-125.

钟礼义，钟英有，李坤阳，2006. 培养基添加菌糠对杏鲍菇菌丝生长和产量的影响试验 [J]. 福建农业科技（1）：28-30.

周萍，宋国菡，潘根兴，等，2008. 南方三种典型水稻土长期试验下有机碳积累机制研究 I 团聚体物理保护作用 [J]. 土壤学报，45（6）：1063-1071.

朱小平，刘微，高书国，2004. 有益微生物组合加菌糠对小白菜生长及土壤养分的影响 [J]. 河南农业科学（6）：58-61.

朱小平，王文颇，刘微，等，2005. 施用微生物加菌糠对辣椒养分吸收及土壤养分转化的影响 [J]. 河北科技师范学院学报（5）：281-283.

第七章

食用菌立体栽培循环模式

第一节　菌蔬立体栽培技术

　　减少温室气体的排放是减缓全球气候变暖的一项措施，但对溢出的温室气体的利用更是应重点考虑的问题（章永松等，2012）。在温室蔬菜栽培过程中，由于处于相对密闭的条件缺乏大气的交流，蔬菜光合作用消耗的 CO_2 未能及时补充，从而影响产量和品质。因此，把食用菌生产产生的 CO_2 引入蔬菜温室，可实现光热资源共享、CO_2 效应互补，能增加蔬菜的生长速度，缩短其生长周期，提高温室的经济效益（高兵等，2014）。菌菜栽培主要是两种模式，即间套型和轮作型。间套型种植过程中，蔬菜通常选择攀缘搭架的种类，如番茄、黄瓜等，以便为菌类形成遮阴环境；而菌类应选择较耐高温的种类，如草菇、木耳等（周玉婷等，2012；李友丽等，2014；杜爱玲等，2004）。已有研究表明，菌菜间套种的经济效益比单种蔬菜提高50%以上，而且蔬菜的产量也提高10%以上（王礼门等，2001）。菇菜间作虽然最大限度地利用了有效空间和光热资源，但在技术层面还存在一些问题。比如食用菌和蔬菜的光照要求差异大；湿度要求也有矛盾，食用菌在生长过程中，特别是出菇阶段，需要较高湿度，而蔬菜一般是尽量减少湿度以减轻蔬菜病害的发生；以及温度差异也较大，仍有诸多技术环节有待改进。菌蔬间作条件下温室内 CO_2 变化，以及蔬菜与食用菌之间 CO_2 互补效应的研究还属空白。食用菌与蔬菜的数量配比也直接影响 CO_2 浓度变化和互作效应。本研究利用密闭型温室研究不同灵芝-蔬菜（配比）间作下 CO_2 浓度的变化规律，以及对灵芝培养料中碳素转化和损失的影响，旨为设施菌蔬间作技术研究与应用提供科学依据。本研究试验设置4个处理，处理Ⅰ为温室内灵芝单作，处理Ⅱ为温室内蔬菜单作，处理Ⅲ为温室内灵芝+蔬菜间作，处理Ⅳ为温室内灵芝（减半量）+蔬菜间作。每个玻璃温室面积30 m^2，蔬菜栽培面积18 m^2，每个处理重复3次。试验选取灵芝品种为紫芝，室内温度保持在17~20 ℃，空气湿度控制在80%~90%，每天通风两次，40 min。4月8日栽种生菜苗，4月13日放置灵芝菌棒，5月18日收获生菜。5月19日栽种叶用甘薯苗，7月25日收灵芝，8月12日收获叶用甘薯。

一、对灵芝和蔬菜产量的影响

(一) 灵芝的产量

灵芝总产量以温室内灵芝+蔬菜间作方式最高, 为 25.21 kg, 比温室内灵芝单作方式提高了 9.8%。灵芝 (减半量) +蔬菜间作方式产量最低, 仅有 15.24 kg。图 7-1 显示, 在灵芝单袋平均产量中, 灵芝+蔬菜间作方式中每袋均产量最高, 为 53.07 g, 分别比灵芝单作和灵芝 (减半量) +蔬菜间作方式提高了 9.8%和 23.6%; 灵芝 (减半量) +蔬菜间作方式中单袋均产量最低, 为 42.94 g; 且灵芝单袋平均产量在 3 种栽培方式间存在显著差异。

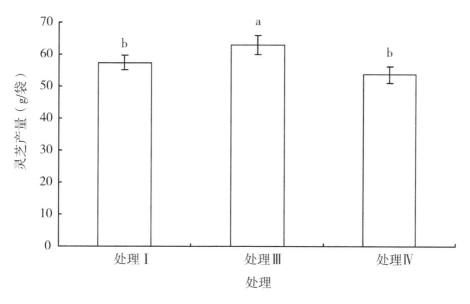

图 7-1 不同间作栽培方式下灵芝单袋平均产量

注: 不同小写字母表示不同处理间存在显著性差异 ($P < 0.05$)。

(二) 蔬菜的产量

图 7-2 显示, 生菜的产量在灵芝+蔬菜间作方式中最高, 为 3.1 kg/m², 而在灵芝 (减半量) +蔬菜间作方式中为 2.93 kg/m², 这两种栽培方式分别是蔬菜单作方式的 2.1 倍和 2.0 倍。叶用甘薯的产量情况与生菜相似, 其在灵芝+蔬菜间作方式中最高, 为 2.25 kg/m², 而在灵芝 (减半量) +蔬菜间作方式中为 2.18 kg/m², 这

两种栽培方式分别是蔬菜单作方式的 1.7 倍和 1.6 倍。

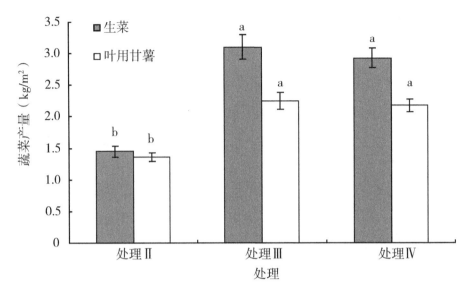

图 7-2 不同间作栽培方式下蔬菜产量

注：不同小写字母表示同一蔬菜不同处理存在显著性差异（$P < 0.05$），下同。

二、温室内 CO_2 浓度变化规律

（一）温室内 CO_2 浓度日变化规律

因不同蔬菜光合效率存在一定差异，本研究仅选取叶用甘薯生长旺盛期间（7 月），计算每日同一时刻温室内 CO_2 浓度的平均值来分析温室内 CO_2 浓度的变化规律。图 7-3 显示，温室内灵芝单作栽培方式 CO_2 浓度在中午时间段达到最大值，超过 20.7 mol/L；温室内蔬菜单作栽培方式，CO_2 浓度波动较为平缓，在 9.2 mol/L 上下；温室内灵芝+蔬菜间作栽培方式与蔬菜单作比较，CO_2 浓度在夜间更高，在白天更低；温室内灵芝（减半量）+蔬菜间作栽培方式与蔬菜单作比较，CO_2 浓度也是在夜间更高，在白天更低，但比温室内灵芝+蔬菜间作栽培方式更显著。

（二）温室内 CO_2 浓度月变化规律

叶用甘薯生长旺盛期间（7 月）温室内平均 CO_2 浓度以灵芝单作方式最高，为

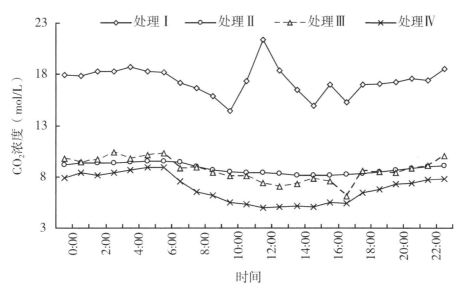

图 7-3　温室内 CO_2 日变化规律

16.4 mol/L；其次为蔬菜单作方式，灵芝+蔬菜间作，灵芝（减半量）+蔬菜间作（图 7-4）。另外，蔬菜单作方式的室内 CO_2 浓度分别比灵芝+蔬菜间作的高 5.76%，但两处理间的差异不显著（$P>0.05$）。灵芝（减半量）+蔬菜间作模式 CO_2 浓度平均比蔬菜单作模式低 6.16%，但两者间的差异不显著（$P>0.05$）。

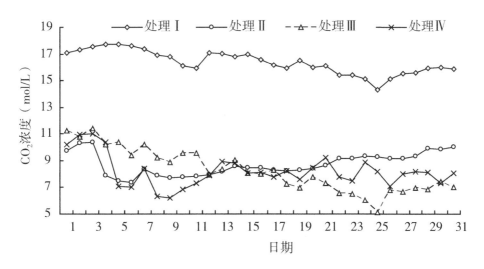

图 7-4　试验月（7 月）温室内 CO_2 浓度的日变化

三、灵芝的干物质转化

（一）灵芝的基物失重

灵芝在栽培过程中，培养基重量不断在降低，干物质量显著减少。表7-1显示，灵芝在不同栽培方式下对基质的分解能力略有不同，灵芝单作方式的基物失重率最低，为55.50%，其中有7.39%转化为子实体生物量；而灵芝（减半量）+蔬菜间作方式的基物失重率最高，为56.80%，绝对生物学效率最低，仅有6.37%转化为子实体生物量，且呼吸消耗是不同栽培方式中最高的。灵芝+蔬菜间作方式的基物失重率为56.24%，绝对生物学效率最高，有8.11%转化为子实体生物量。

表7-1　不同间作栽培方式下灵芝的基物失重情况

栽培方式	培养料干重（kg/袋）	培养料失重（%）	子实体干重（kg/袋）	绝对生物学效率（%）	呼吸消耗（%）
处理 I	310.65	55.50	22.97	7.39	48.11
处理 III	310.65	56.24	25.21	8.11	48.13
处理 IV	163.50	56.80	10.74	6.57	50.24

注：培养料平均失重% = （$A-B$）/A×100，其中A表示培养料干重，B表示培养后料干重；绝对生物学效率% = C/A×100，C表示子实体干重；呼吸消耗% = （$A-B-C$）/A×100。

（二）灵芝的碳素转化

表7-2显示，灵芝在不同栽培方式中的碳素均大幅度减低，其中灵芝+蔬菜间作方式的碳素减少量为90.29 kg，41.28%的碳残留在菌渣中，51.66%的碳以呼吸的形式逃逸到大气中，有7.06%的碳素转移到子实体中，是不同栽培方式中最高的。灵芝单作方式的碳素减少量为89.45 kg，41.83%的碳残留在菌渣中，51.62%的碳以呼吸的形式逃逸到大气中，仅有6.55%的碳素转移到子实体中。灵芝（减半量）+蔬菜间作方式的碳素减少量为47.37 kg，41.47%的碳残留在菌渣中，52.46%的碳以呼吸的形式逃逸到大气中，仅有6.07%的碳素转移到子实体中，是不同栽培方式中最低的。

表7-2 不同间作栽培方式下灵芝的碳素转化

栽培方式	培养时间（d）	培养料干重（kg/袋）	培养料碳总量（kg/袋）	子实体含碳量（kg/袋）	呼吸消耗碳损失量（kg/袋）
处理Ⅰ	0	310.65	153.77		
	104	138.23	64.32	10.08	89.45
处理Ⅲ	0	310.65	153.77		
	104	135.93	63.48	10.85	90.29
处理Ⅳ	0	163.50	80.93		
	104	70.63	33.56	4.91	47.37

食用菌栽培过程中，培养基重量随栽培时间的延长而逐渐下降，这是由于食用菌降解的有机物质除了供给自身需要合成碳水化合物外，还会通过菌体的呼吸过程以 CO_2 和 H_2O 的形式排放到环境中去（王义祥等，2015）。已有研究表明，在棉籽壳培养基和麦草培养基上栽培巴西蘑菇，其培养基失重分别为40.58%和38.24%，其中，呼吸消耗分别为35.33%和33.83%（倪新江等，2001）；香菇栽培过程中，呼吸消耗也占培养基失重的大部分（卢翠香等，2008）。本研究结果也表明，灵芝栽培过程中培养料中51.62%～52.46%的碳素以呼吸消耗的形式排放，41.28%～41.83%残留在菌渣中，仅有6.07%～7.06%的碳素转移到子实体中。因此，在应对全球气候变化的背景下，研究食用菌生产过程中温室气体的排放量和潜力，寻求农业生产过程的减排与控制技术，对我国食用菌产业的持续发展和节能减排具有重要的现实与科学意义。

光合作用是作物产量形成的基础，蔬菜干物质的90%～95%来自光合作用，光合作用的主要原料是 CO_2（Kaushik，et al.，2008）。空气中的 CO_2 浓度通常只有300 μL/L左右，不能满足作物的需要（陈现臣等，2003）。特别是在封闭的保护地条件下，因大棚内外空气交换少，常造成 CO_2 缺乏，影响蔬菜的正常生长。因此，将食用菌排放的 CO_2 引入到蔬菜大棚内，提高蔬菜周围环境中 CO_2 的浓度，可能是提高蔬菜光合作用效率和增加产量的一个重要途径。在温室内，生菜、叶用甘薯和灵芝间作，提高了蔬菜产量，达到了增产增效的目的。研究结果发现，本试验条件下蔬菜单作、灵芝单作+蔬菜间作、灵芝（减半量）+蔬菜间作模式温室内 CO_2 浓度没有显著性差异。灵芝单作条件下温室内 CO_2 浓度处于较高的水平，且显著高于蔬菜单作、灵芝单作+蔬菜间作、灵芝（减半量）+蔬菜间作模式，说明菌蔬间作下食用菌生长发育过程呼吸排放的 CO_2，有利于增强蔬菜的光合作用及有机物质的积累（于国华等，1997），这与灵芝+蔬菜间作方式的生菜和叶用甘薯产量最高的结果相一致。此外，温室内菌菜间作的菌菜配比情况会影响食用菌产量；适量菌-菜配比能提高食用菌产量，而过量的菌-菜配比会降低食用菌产量。最大灵芝+蔬菜间作方式的灵芝产量最高，而灵芝（减半量）+蔬菜方式的灵芝产量低于灵芝单作。灵芝属好气性真菌，CO_2浓度是控制其子实体形成和发育的关键环境因素之一。已有研究认为，大多数食用菌子实体生长阶段要求 CO_2 浓度小于 40 μmol/L，否则就会对子实体产生毒害作用（郭家选等，2002）。菌蔬间作栽培下，蔬菜因为光合作用引起温室内 CO_2 浓度的变化，继而影响灵芝的生长对碳素的转化利用（吴惧等，1993）。本研究结果表明，灵芝+蔬菜间作模式灵芝的产量比灵芝单作提高了 9.8%。灵芝（减半量）+蔬菜方式中灵芝的呼吸消耗率最高，同时培养料中 52.46%的碳素以 CO_2 形式进入大气，41.47%的碳素留在菌渣中，可见在这种方式下灵芝不能有效地将培养料的干物质充分利用，并转化为子实体生物量。灵芝+蔬菜方式中虽然呼吸消耗率高于灵芝单作方式，但对培养料的利用效率达到最高，使得绝对生物学效率是这几种方式中最高，因而灵芝+蔬菜方式产量最高。

第二节　林下灵芝栽培技术

灵芝属担子菌亚门多孔菌目灵芝菌科灵芝属真菌，素有"林中灵""仙草"之称（覃晓娟等，2016），在中国作为传统中药有悠久的历史，是中国食（药）用菌研究领域的热点之一（吕超田等，2011）。据统计，2015 年我国灵芝栽培面积约达到 15 万亩，灵芝及孢子粉产值达到 16 亿美元，成为世界上灵芝的主要生产国和出口国，并且市场对其产量和质量的需求在逐年提高，现有的人工栽培规模和传统的灵芝栽培模式亟须加强提升，模拟天然菌类的生活习性和生长发育条件等的仿野生栽培技术在近年来得到了大力研究和推广（樊丽，2016）。王灿琴等对野生、大棚与仿野生栽培灵芝的研究结果表明，在同一栽培原料及管理模式下，林下仿野生栽培的生长环境更贴近于灵芝生长条件，各阶段生长周期长于大棚栽培，在产量、生物学转化率、子实体大小及多糖、总灵芝酸含量等方面均优于野生灵芝和大棚栽培灵芝（王灿琴等，2015；张舒峰等，2014；覃晓娟等，2016）。同时，可以提高林下空间利用率，增强土壤肥力，提高林木速生，促进林业发展，真正实现了"以林养菌，以菌促林"（潘庆松等，2013；韦淑花等，2012）。

由于灵芝生长对光、温、水、气的要求较为苛刻，出芝要有相对稳定的阴凉、潮湿、通风环境（金鑫等，2016）。常规大棚栽培掌控容易出现矛盾，在南方多雨高湿高热林下地区，林下仿野生栽培受自然气候影响较大（黄卓忠等，2013），容易出现产量不稳定、子实体品质难以控制、灵芝物质转化效率低、栽培效益降低，从而引起高品质的灵芝货源不足等问题，严重阻碍我国灵芝产业的绿色发展（周州等，2017；张婧等，2014；金鑫等，2016）。此外，同大多数食用菌一样，林下仿野生栽培灵芝存在物质转化率较低、CO_2 排放量大等问题（肖生美等，2013）。碳素物质是食用菌生长代谢的营养物质，同时通过微生物的呼吸作用产生损失。在食用菌生长过程中，目前关于光照、温度、湿度等环境因素对食用菌生长发育的影响研究较多（王云等，1989），而对食用菌生长过程中碳素物质转化规律的研究少见报道。本研究通过对灵芝林下仿野生栽培过程中 CO_2 排放状况、碳素转化效率、培养料物质转换等方面的研究，为林下灵芝仿野生栽培高产量、高物质转化效率研究提供科学依据，对促进灵芝乃至食用菌产业的可持续发展和节能减排，实现林区生态、经济和社会的可持续发展具有重要的意义。

本研究供试菌种为赤芝，来源于福建省建阳崇雒乡美地食用菌专业合作社。灵芝栽培基质配方为茶梗 35%、杂木屑 45%、五节芒粉 10%、麦麸 8%、红糖 1%、石膏粉 0.9%、过磷酸钙 0.1%，含水率 60.15%，pH 值 6.10，有机碳含量 49.50%。试验于 2015 年 4 月—8 月在福建省农业科学院福州试验基地，选取的林分类型为杂木林。试验共设置林下露天（T1）和林下遮阴（T2）两种栽培方式，其中林下遮阴方式采用高度 1 m 拱形棚，上面覆盖遮阴网，每个处理重复 3 个小区，小区面积 2 m×10 m，每个小区 100 筒。2015 年 4 月 15 日分别在每个小区内放置发满丝的灵芝菌棒，菌棒大小为 18 cm×26 cm，菌棒平均干重为 654.00 g/袋。栽培时每个菌棒间隔约 5 cm，覆土 2～3 cm。灵芝出菇阶段温度 25.59～31.45 ℃，空气湿度 72.10%～96.06%。日常根据湿度情况对灵芝进行喷水保湿，不采取其他管理措施。

一、不同栽培方式对灵芝生长的影响

（一）子实体产量和绝对生物学效率

经过测定对比，T1 和 T2 栽培方式的灵芝产量（鲜重）平均分别为 81.35 g/袋、

112.62 g/袋，差异达到显著性水平（$P<0.05$）（图7-5）。T1 栽培方式的绝对生物学效率比 T2 栽培方式平均低 26.86%，二者的差异达显著性水平（$P<0.05$）（图7-6）。

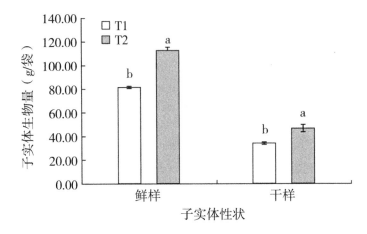

图 7-5　不同栽培方式子实体产量比较

注：不同小写字母表示不同处理间存在显著差异（$P<0.05$）。

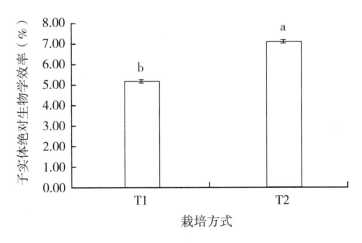

图 7-6　不同栽培方式子实体绝对生物学效率比较

注：不同小写字母表示不同处理间存在显著差异（$P<0.05$）。

（二）子实体活性成分

灵芝多糖和灵芝总三萜酸是灵芝的次生代谢产物，是灵芝重要的化学和药效成分（康洁等，2005）。根据 2015 版中国药典规定，灵芝多糖含量不得低于 0.9%，灵芝总三萜酸含量不得低于 0.5%。图 7-7 显示，T1 和 T2 两种栽培方式下，灵芝多糖含量平均分别超出药典标准 52.22% 和 13.33%，其中 T1 栽培方式与药典规定间的差异达到显著水平（$P < 0.05$）；两种栽培方式的灵芝总三萜酸含量平均分别超出药典标准 78.00% 和 108.00%，差异均达到显著水平（$P < 0.05$）。T1 栽培方式的灵芝多糖含量平均比 T2 栽培方式高 34.31%，灵芝总三萜酸则平均比 T2 栽培方式低 14.42%，差异均达到显著水平（$P < 0.05$）。

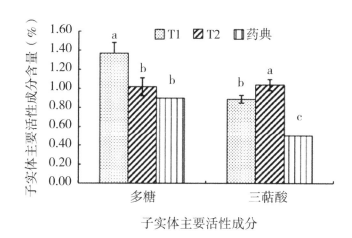

图 7-7　不同栽培方式对子实体主要成分含量的影响

注：不同小写字母表示同一指标不同处理间存在显著差异（$P < 0.0.05$）。

二、不同栽培方式对培养料物质转化的影响

（一）干物质转化

由表 7-3 可知，T1、T2 栽培方式的干物质转化率平均分别为 5.20%、7.11%；T2 栽培方式的基物失重、呼吸消耗较 T1 栽培方式平均分别高 30.13%、29.26%，二者栽培方式间差异达到显著水平（$P < 0.05$）。

表 7-3　不同栽培方式的基物失重情况

栽培方式	培养时间（d）	培养基干重（g/袋）	培养基平均失重（%）	子实体干重（g/袋）	呼吸消耗（%）
T1	0	654.00±11.53 a	44.77±0.14 b	34.00±2.72 b	39.57±0.38 b
	107	361.20±7.28 b			

（续表）

栽培方式	培养时间 （d）	培养基干重 （g/袋）	培养基平均 失重（%）	子实体干重 （g/袋）	呼吸消耗 （%）
T2	0	654.00± 11.53 a	58.26± 0.54 a	46.50± 3.11 a	51.15± 0.50 a
	107	273.00± 8.25 c			

注：培养基失重（%）＝（*A*−*B*）/*A*×100，其中 *A* 为培养基基质干重，*B* 为菌渣基质干重；呼吸消耗%＝（*A*−*B*−*C*）/*A*×100，*C* 为子实体干重。

同一列不同小写字母表示不同处理间存在显著差异（$P < 0.05$），下同。

（二）碳素转化

经测定，每袋灵芝培养基质平均含碳量为 323.73 g，培养基质碳消耗主要有转移到子实体、残留在菌渣中以及因呼吸作用而损耗等 3 个途径（王义祥等，2015）。由表 7-4 可知，经过 107 d 的生长过程，T1 栽培方式下，碳素降解率平均为 45.32%，其中 4.51% 的有机碳转化到子实体中，54.68% 残留在菌渣中，40.81% 以呼吸的形式逃逸到大气中；T2 栽培方式下，碳素降解率平均为 59.32%，其中 6.70% 的有机碳转化到子实体中，40.67% 残留在菌渣中，52.63% 以呼吸的形式逃逸到大气中。较之 T1 栽培方式，T2 栽培方式的子实体碳素转化率、碳素损失率平均分别高出 48.56%、28.96%，菌渣碳素残留率平均低 25.62%，各项指标的差异均达到显著水平（$P < 0.05$）。

表 7-4 不同栽培方式碳素转化情况

处理	培养基 含碳量	子实体碳量		菌渣含碳量		碳损失量	
		含碳量 （g/袋）	碳素转化率 （%）	含碳量 （g/袋）	碳素转化率 （%）	碳损失量 （g/袋）	碳素损失率 （%）
T1	323.73± 5.71	14.59± 1.17 b	4.51± 0.42 b	177.02± 3.57 a	54.68± 0.14 a	132.11± 3.18 b	40.81± 0.31 b
T2		21.68± 1.45 a	6.70± 0.46 a	131.69± 4.25 b	40.67± 0.61 b	170.44± 1.65 a	52.63± 0.54 a

三、不同栽培方式对 CO_2 排放通量的影响

通过在子实体发育过程中对 CO_2 排放通量的定位监测，由图 7-8 可知，不含灵芝的情况下，同一时期 2 种栽培方式和 CK 处理 CO_2 排放通量间的差异均达到显著性水平（$P < 0.05$）。整个观测期间 T1 栽培方式的 CO_2 排放通量介于 $4.21 \sim 9.48$ $\mu mol/$（$m^2 \cdot s$），平均排放通量为 7.75 $\mu mol/$（$m^2 \cdot s$），在第 74 天和第 84 天下降，第 94 天又上升，其随时间的变化规律与 CK 处理基本一致。T2 栽培方式的 CO_2 排放通量介于 $6.65 \sim 12.30$ $\mu mol/$（$m^2 \cdot s$），平均排放通量为 9.58 $\mu mol/$（$m^2 \cdot s$），其随时间变化总体呈上升的趋势。

图 7-9 显示，与无芝条件下相比，在包含灵芝的测定条件下 T1、T2 处理各阶段的 CO_2 排放通量趋势呈现不同的变化趋势。T1、T2 处理 CO_2 排放通量变化趋势与生产系统内的灵芝 CO_2 排放通量变化趋势基本一致，但 T1 生产系统的 CO_2 排放通量阶段性变化趋势较 T2 处理平缓。T1 生产系统的 CO_2 排放通量介于 $12.34 \sim 18.66$

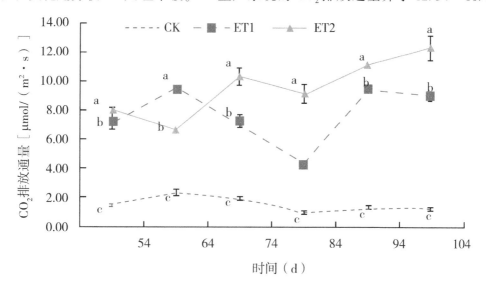

图 7-8 无芝条件下不同栽培方式 CO_2 排放通量阶段性变化

注：不同小写字母表示同一时间不同处理间存在显著差异（$P < 0.05$）。下同。

CK 为土壤 CO_2 排放通量；ET1、ET2 分别为无芝情况下 T1、T2 栽培方式 CO_2 排放通量。

μmol/（m² · s），平均排放通量为 15.90 μmol/（m² · s），T2 生产系统的排放通量介于 15.50～30.91 μmol/（m² · s），平均排放通量为 23.25 μmol/（m² · s），T2 栽培方式比 T1 栽培方式平均高 46.23%，两者的差异达显著水平（$P < 0.05$）。就灵芝的 CO_2 排放通量而言，除第 84 天外，T1 处理灵芝的 CO_2 排放通量均低于 T2 处理，其差异达显著水平（$P < 0.05$）。

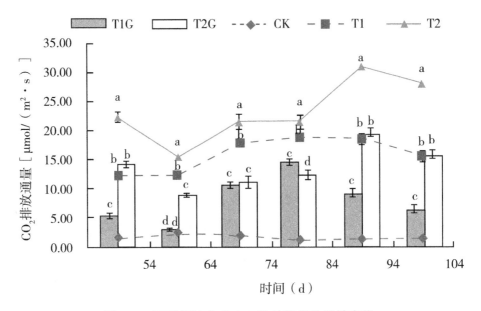

图7-9　不同栽培方式 CO_2 排放通量阶段性变化

注：T1、T2 分别为有芝情况下 T1、T2 栽培方式生产系统 CO_2 排放通量；

T1G、T2G 分别为 T1、T2 栽培方式下灵芝的 CO_2 排放通量。

四、CO_2 排放通量以及各环境因子间的相关分析

通过对 CO_2 排放通量、空气温度、空气湿度及土壤温度的相关分析表明，空气温度与空气湿度呈显著负相关关系（$P < 0.01$），与土壤温度呈显著正相关关系（$P < 0.01$）；空气湿度与土壤温度呈显著负相关关系（$P < 0.05$）。相较于 T1 栽培方式，T2 栽培方式生产系统的环境湿度受 CK 环境温度变化的影响较大，呈现出剧烈波动的态势。2 种栽培模式下，CO_2 排放通量变化与空气湿度呈显著负相关关系（$P < 0.05$），相关性为 24.3%。CO_2 排放通量与空气温度、土壤温度无显著相关性（$P > 0.05$）。详见图 7-10、表 7-5。

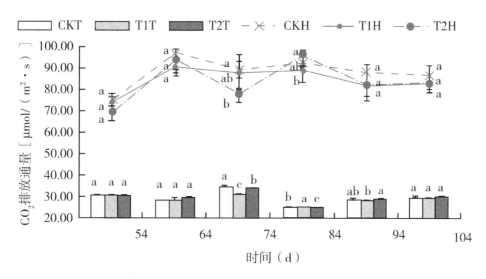

图 7-10　不同栽培方式温湿度阶段性变化

注：不同小写字母表示同一指标不同处理间存在显著差异（$P<0.05$）。

CKT、T1T、T2T 分别为环境、T1 生产系统、T2 生产系统的空气温度；

CKH、T1H、T2H 分别为环境、T1 生产系统、T2 生产系统的空气湿度。

表 7-5　CO_2 排放通量与空气温湿度、土壤温度的相关系数

指标	CO_2 排放通量 $[\mu mol/ (m^2 \cdot s)]$	空气温度 （℃）	空气湿度 （%）	土壤温度 （℃）
CO_2 排放通量	1			
空气温度	-0.026	1		
空气湿度	-0.243*	-0.481**	1	
土壤温度	0.026	0.932**	-0.528**	1

注：* 在 0.05 水平（双侧）上显著相关，** 在 0.01 水平（双侧）上显著相关。

五、主要结论

（一）不同栽培方式对子实体产量和品质的影响

在灵芝生长过程中，光、温、水、气等环境因子对其产量、生物学效率和品质的影响至关重要（铃木彰，1990）。菇蕾生长阶段（温度 25 ℃左右，湿度 85%～

90%）和子实体生长期间（温度 24～28 ℃，湿度 90%～95%）要求的适宜温度和湿度不同。本研究结果表明，在林下仿野生栽培灵芝种植过程中，遮阴栽培方式下灵芝的子实体产量、绝对生物学效率显著高于未遮阴处理。原因可能是在灵芝子实体发育阶段，遮阴栽培方式有利于达到高温高湿环境，更适宜于灵芝生长（王云等，1989）。已有研究认为，在灵芝子实体发育过程中，中等强度的光照有利于促进子实体的生长发育和总三萜酸、多糖成分的合成，半阴条件下灵芝的总三萜酸、多糖含量皆高于全阴条件（钱磊等，2017；吴惧等，1990；袁学军等，2012）。而黄璐琦的研究结果则表明较弱光照条件下更有利于灵芝三萜类物质的积累。因此，遮阴栽培方式下灵芝的总三萜酸含量显著高于未遮阴处理。在林下仿野生栽培灵芝过程中需要兼顾其生长和次生长物积累的平衡，本研究认为在林下灵芝仿野生栽培生产过程中，采取合理的遮阴密度对灵芝生长的环境因子能够起到一定的调控作用，使之更有利于灵芝的生长和品质的提升。灵芝的产量和品质是决定灵芝产业效益的两个主要因素。灵芝各阶段的生长期延长，有利于子实体产量的提高，品质的提升以及有效成分含量的增加（黄璐琦等，2007），因此，林下灵芝仿野生栽培研究中，对光照、温度、湿度等各因素的调控以及遮阴设施的合理改造的深入探讨，有益于提高林下灵芝仿野生栽培行业的经济和生态效益。

（二）不同栽培方式对碳素转化效率的影响

碳素物质是食用菌生长过程中不可缺少的营养源和关键能量（李宜丰，1983）。在灵芝生长过程中，菌渣、灵芝菌体、微生物的呼吸消耗是培养料碳损失的主要途径。已有研究认为培养料中仅有 5%～7% 的碳素会转移到子实体当中，大部分的碳素是以呼吸消耗的形式损失（牛福文等，1990），特别是碳素物质，主要以 CO_2 的形式排放到环境中。本研究结果表明，T1、T2 两种栽培方式碳素转化率分别平均为 4.51%、6.67%，碳素损失率分别平均达 40.81%、52.63%。（杨佩玉等，1990；肖生美等，2013）研究认为，温度的高低可能是影响碳素转化分解的原因之一，短时间内温度的快速提高有利于培养料中有机碳、粗纤维的分解转化。本研究结果也显示，环境的空气温度与空气湿度呈显著负相关关系，CO_2 排放通量与环境空气湿度呈显著负相关关系。遮阴栽培方式下，灵芝子实体发育阶段空气温度和土壤温度在绝大部分时间高于未遮阴处理，在灵芝子实体发育前期环境空气湿度相对较低，因此 T2 栽培方式下的灵芝子实体碳素转化率较 T1 栽培方式高 47.23%，其碳损失率也增加 29.01%。在灵芝栽培过程中，碳源、氮源、碳氮比等营养条件和光照、温度、湿度、CO_2浓度等环境条件是影响碳素转化的各种因素，控制碳素转化和降低碳损失率需要通过各因子之间的相互作用来实现（王义祥等，2016）。

（三）不同栽培方式对 CO_2 排放通量的影响

食用菌栽培过程中产生的 CO_2 主要来源于菌体的呼吸作用和培养料的分解，前者占较大比例（王义祥等，2015）。CO_2 排放通量提高，碳损失率也相应增加，本研究结果表明，T2 栽培方式生产系统的平均 CO_2 排放通量高于 T1 栽培方式生产系统 46.23%，碳损失率较 T1 栽培方式平均高 29.01%。来自灵芝菌体呼吸作用的 CO_2 排放量平均占总 CO_2 排放量的 48.97%（T1 栽培方式）和 58.41%（T2 栽培方式），来自培养料分解的平均为 51.03%（T1 栽培方式）和 41.59%（T2 栽培方式）。灵芝子实体生长发育过程中 CO_2 排放通量与空气湿度呈显著负相关关系，相关性为 0.24。受灵芝生长特性的影响，CO_2 排放通量的极值滞后于空气湿度的极值。已有研究表明，适宜的 CO_2 和 O_2 浓度是菌丝体向子实体阶段生理质变的必要环节因素，在此期间 CO_2 排放通量将达到最高（于海龙等，2009），同时，在食用菌子实体发育阶段，对 CO_2 浓度最为敏感（郭家选等，2000）。吴惧等研究表明，在灵芝子实体生长发育期间，呼吸强度逐渐上升，直至中伞期达到顶峰然后急剧减，而高浓度的 CO_2 又将对灵芝的呼吸产生抑制作用。受光线、温度、通气性尤其是湿度的影响，T1 栽培方式的灵芝的中伞期（第 84 天）先于 T2 栽培方式（第 94 天），在灵芝子实体生长过程中 CO_2 排放通量总体呈先升后降的趋势，在到达中伞期后呈现回落态势。本研究结果表明，与 T1 栽培方式相比，T2 栽培方式由于空气湿度波动幅度较大，CO_2 平均排放通量高于 T1 栽培方式，但同时由于中伞期延迟，相应了延长了其生长周期，在产量上得到了较大的收获，次生产物总三萜酸的含量也得到提高。

灵芝的产量和品质是决定灵芝产业效益的两个主要因素。灵芝段生长期的延长，有利于子实体产量的提高，品质的提升以及有效成分含量的增加，但同时也带来人工成本的增加。因此，林下灵芝仿野生栽培研究中，对光照、温度、湿度等各因素的调控以及遮阴设施的合理改造进行深入探讨，对促进林下灵芝仿野生栽培产业的发展具有重要的意义。

第三节　葡萄园草菇立体种植技术

现代农业的发展，立体高效的集约化生产模式逐步取代了单一的种植模式，随着种植结构的调整，葡萄栽培面积迅速扩大。就如何进行精致耕作、提高土地利用率，葡萄园套种多种经济作物和食用菌的栽培试验，已取得良好的效果。

一、菌种制作与季节安排

原种、栽培种都用麦粒培养基。配方：麦粒98%、石灰1%、石膏1%。选优质麦粒置5%石灰水中浸泡12 h左右（视气温而定），以麦粒胀满无白心为准。捞起用水冲洗沥干，按常规装袋、封口、灭菌、接种、培养。菌株适温范围广，菌丝粗壮，分解纤维素、木质素能力强，抗杂性好的菌丝生长适温32～43 ℃，子实体发育温度28～35 ℃，最适30～132 ℃，子实体卵圆形或椭圆形、个大，菌托肥且有韧性，深褐色，不易开伞，菇肉自嫩，商品性能好。套种以6—8月均宜。

二、培养料堆制

配方：①棉籽壳78%、稻草15%、麸皮2.5%、牛粪2.5%、石灰1.5%，过磷酸钙0.5%；②稻草70%、棉籽壳25%、麸皮1.5%、牛粪1.5%、石灰2%；③稻草48%、棉籽壳48%、石灰3%，过磷酸钙、麸皮各0.5%。将干燥无霉变、色泽金黄的稻草浸入5%的石灰水中24 h后捞起，沥至含水量60%左右。将无霉变的棉籽壳用4%的石灰水浸泡8 h，或用3%的石灰混合堆料调水到60%，预堆12 h待用。堆制时先铺一层稻草再铺一层预堆的棉籽壳、一层稻草一层棉籽壳，堆成高1.2 m、宽2 m、长度不限的堆，覆薄膜保温发酵，中心温度达55～60 ℃保持24 h进行翻堆。翻堆前先在堆顶及四周用水浇泼一遍，加入过磷酸钙等添加物，根据料含水量调节水分，翻堆时把堆内外原料互换后复堆。一般翻3次即可上畦栽培。

三、葡萄园选择与整地

选4～5年生以上、遮阳效果好的葡萄园，要求地面平坦，排水方便。在畦两侧整平除草。整好后喷敌敌畏500倍液，铺料前1 d在畦面撒上一层石灰，第2天铺料播种。

四、播种及发菌管理

培养料运至葡萄园，直接上畦，控制料宽 45 cm、高 45 cm，稍压实，底层用稻草料，上面稻草一层棉籽壳一层。用种量为 50 kg 料 4 瓶种，分两层播种。第一层在料高 20 cm 时撒播，播种量为 30%，另 70% 在料面撒播，播完在上面盖一层棉籽壳和细牛粪混合物稍压。种完后盖薄膜，播种后 3 d 内不揭膜，温度超过 40 ℃，打开两头通风，第 4 天开始调水，控制料温 40 ℃、湿度 85%～90%，一般 7～10 d 出现白色小米状的菇蕾。

五、出菇及采后管理

当畦面出现白色小米状的菇蕾时，将地膜支撑起，相对湿度控制在 85%～90%。可通过沟内灌水或畦面喷雾进行调节，料温控制在 33～40 ℃，气温 32～38 ℃，可通过盖膜及遮阳网调节，并进行适当的通风换气，出现鬼伞应及时摘除，采完头潮菇及时清除畦面的菇脚和死菇，并喷 1 次营养液（配方：①水 50 kg、味精 100 g、白糖 500 g、磷酸二氢钾 1 g；②菇宝素 600 倍液喷雾结合调水），其余按常规管理。667 m² 葡萄园套种草菇可收鲜菇 250～500 kg，去除生产成本后可获得 2 000～4 000 元的经济收益。

参考文献

陈现臣，王彩霞，曾学清，2003. 设施二氧化碳气体施肥技术 [J]. 甘肃农业（9）：27-28.

杜爱玲，王进涛，2004. 日光温室菇菜间套作栽培模式优化组合 [J]. 北京农业（8）：2-3.

樊丽，2016. 灵芝人工栽培方法专利技术 [J]. 吉林农业：下半月（10）：109.

高兵，宋立晓，曾爱松，等，2014. 设施条件下瓜菇立体栽培技术 [J]. 上海蔬菜（6）：92-93.

郭家选，沈元月，钟阳和，2002. CO_2 浓度对金针菇生长发育的影响 [J]. 中国生态农业学报，10（1）：21-23.

郭家选，钟阳和，张淑霞，2000. CO_2 浓度对食用菌生长发育影响的研究进展[J]. 生态农业研究，8（1）：49-52.

黄璐琦，郭兰萍，2007. 环境胁迫下次生代谢产物的积累及道地药材的形成[J]. 中国中药杂志，32（4）：277-280.

黄卓忠，韦仕岩，王灿琴，等，2013. 灵芝仿生态优质高效栽培技术[J]. 食用菌（1）：44-45.

金鑫，刘宗敏，黄羽佳，等，2016. 我国灵芝栽培现状及发展趋势[J]. 食药用菌，24（1）：33-37.

康洁，陈若芸，2005. 近10年药用真菌成分及活性研究进展[J]. 中国药学杂志，24（4）：6-11.

李波，叶菁，刘岑薇，等，2017. 生物炭添加对猪粪堆肥过程碳素转化与损失的影响[J]. 环境科学学报，37（9）：3511-3518.

李宜丰，1983. 食用菌的碳素营养[J]. 食用菌（5）：27.

李友丽，王兰清，刘宇，2014. 果类蔬菜冠层下微环境及其对秀珍菇生长的影响[J]. 蔬菜（4）：68-71.

铃木彰，王波，1990. 食用菌子实体发育与环境的关系[J]. 国外农学：国外食用菌，4：36-38.

卢翠香，江枝和，翁伯琦，2008. 食用菌栽培过程中 CO_2 排放测定方法研究进展[J]. 福建农业科技（2）：88-90.

吕超田，姚向阳，孙程，2011. 灵芝主要活性物质及其药理作用研究进展[J]. 安徽农学通报，17（1）：50-51，94.

倪新江，梁丽琨，丁立孝，等，2001. 巴西蘑菇对木质纤维素的降解与转化[J]. 菌物学报，20（4）：526-530.

牛福文，印桂玲，刘保增，1990. 黑木耳栽培期间两种培养基主要组分的降解和有关酶活的变化[J]. 微生物学通报，17（4）：201-204.

潘庆松，韦淑花，2013. 林下仿野生灵芝高产栽培技术[J]. 农业与技术，33（5）：64，75.

钱磊，张志军，周永斌，等，2017. 光对食用菌生长的影响[J]. 天津农业科学，23（7）：103-106.

覃晓娟，何忠，仇惠君，等，2016. 不同产地仿野生生态栽培灵芝主要活性成

分比较 [J]. 湖南农业科学 (7)：73-74, 78.

王灿琴, 覃晓娟, 吴圣进, 等, 2015. 大棚与林下仿野生栽培灵芝比较试验 [J]. 食用菌, 37 (6)：40-41.

王华, 2016. 秋季灵芝高产栽培技术要点 [J]. 乡村科技, 25：26.

王礼门, 王礼门, 花春英, 等, 2001. 棚室黄瓜套种平菇综合效益研究 [J]. 中国食用菌, 20 (2)：20-22.

王义祥, 高凌飞, 叶菁, 等, 2016. 菌渣垫料堆肥过程碳素物质转化规律 [J]. 农业工程学报, 32 (s2)：292-296.

王义祥, 叶菁, 肖生美, 等, 2015. 铺料厚度对双孢蘑菇栽培过程酶活性和 CO_2 排放的影响 [J]. 农业环境科学学报, 34 (12)：2418-2425.

王云, 周林, 张昕艳, 1989. 灵芝的营养药用价值和生物学特性 [J]. 山西农业科学 (7)：27-28.

韦淑花, 张雪芬, 潘庆松, 2012. 融水县 "成林杉树套种灵芝" 效益显著 [J]. 吉林农业 (7)：125.

吴惧, 徐锦堂, 1990. 光对灵芝生长发育的影响 [J]. 中国药学杂志, 25 (2)：76-78.

吴惧, 徐锦堂, 1993. 二氧化碳对灵芝生长发育的影响 [J]. 中国药学杂志, 28 (1)：13-16.

肖生美, 2013. 食用菌栽培过程碳素物质转化及 CO_2 排放规律的研究 [D]. 福州：福建农林大学.

杨佩玉, 郑时利, 林心坚, 等, 1990. 不同层次发酵料的微生物群落与草菇产量关系的探讨 [J]. 中国食用菌, 9 (4)：19-20.

于国华, 同辉民, 张国树, 等, 1997. CO_2 浓度对黄瓜叶片光合速率、RubisCO 活性及呼吸速率的影响 [J]. 华北农学报, 12 (4)：101-106.

于海龙, 郭倩, 杨娟, 等, 2009. 环境因子对食用菌生长发育影响的研究进展 [J]. 上海农业学报, 25 (3)：100-104.

袁学军, 陈永敢, 陈光宙, 等, 2012. 不同光照和栽培基质对灵芝活性成分的影响 [J]. 中国食用菌, 31 (6)：38-39, 43.

张婧, 杜阿朋, 2014. 我国林下食用菌栽培管理技术研究 [J]. 桉树科技, 31 (4)：55-60.

张舒峰, 马天宇, 韩春姬, 2014. 3 种不同来源灵芝活性成分比较及提取工艺

优选 [J]. 延边大学农学学报, 36 (4): 336-341.

章永松, 柴如山, 付丽丽, 等, 2012. 中国主要农业源温室气体排放及减排对策 [J]. 浙江大学学报 (农业与生命科学版), 38 (1): 97-107.

周玉婷, 张士刚, 2012. 棚室西红柿与平菇高效套种 [J]. 农家顾问 (8): 41-42.

周州, 余梦瑶, 江南, 等, 2017. 我国灵芝栽培研究近况及其未来发展趋势探讨 [J]. 中国食用菌, 36 (4): 5-7.

KAUSHIK D, BARUAH K K, 2008. A comparison of growth and photosynthetic characteristics of two improved rice cultivars on methane emission from rainfed agro-ecosystem of northeast India [J]. Agriculture Ecosystems & Environment, 124 (1): 105-113.

第八章

基于食用菌的农业废弃物循环利用研究

食用菌是链接种植业和养殖业的重要纽带，实现农业废弃物资源高效循环利用。在农业生态体系中，食用菌生产以作物生产副产物（秸秆、木屑等）或动物生产副产物（畜粪等）为原料，将其转化为可被人类利用的菌体蛋白和生产废弃物——菌渣，菌渣又可开发作为动物生产子系统的饲料，通过动物体转化为可食用的肉类蛋白，实现物能转化和多重经济转化，并形成食用菌-动物生态子系统。菌渣开发有机肥作为植物生长子系统的营养成分，通过微生物分解和植物吸收转化为可食用的植物蛋白与膳食纤维，实现物能转化和多重经济转化，并形成食用菌-植物生态子系统。正是由于这种独特的物质循环特性，赋予了食用菌产业在由林业、种植业及养殖业组成的大农业生态体系中"还原者"的重要地位，使其成为农业循环经济中实现原料和能量循环的"枢纽"。

第一节　中国农牧菌废弃物循环利用技术现状

自 2007 年启动"十一五"科技支撑项目"农田循环高效生产模式与技术体系研究示范"重点项目以来，现阶段循环农业在理论和技术上的研究取得突破性进展，科技成果的转化和应用示范上取得了一定的成就，初步形成具有中国特色的循环农业技术研究框架，有力推动我国循环农业技术研究与实施。但是由于我国循环农业的研究起步较晚，无论在基础理论探索还是在实用技术研发上尚处于初级阶段，技术体系不够完善，因此循环农业模式的完善还需要走很长一段路才可以实现，对地处东南地区的福建省而言更是如此。循环农业模式在实际应用和推广中还存在一系列接口技术的问题，我国从事循环农业研究的首席专家高旺盛教授指出，"循环农业不仅仅是废弃物的简单循环，在物质循环利用当中，不少废弃物再利用中存在重金属、二次排放等问题，也会产生新的非持续问题。同时只有物质循环，如果没有经济效益，最终还是不可持续的。"因此，在发展循环经济过程中还必须重点解决循环过程的关键接口技术，解决废弃物循环过程可能产生的二次污染问题，实现废弃物资源化利用、食品安全及经济效应、生态效应和社会效应的和谐统一。同时由于循环农业模式的构建具有区域性，因此未来循环农业模式的研究还需要在理论和技术上进一步完善，尤其要加强具有区域特色的循环农业模式研究和关键技术的研究和示范。对于东南地区而言，农业集约化程度高，光、温、热、水、气等自然资源丰富，作物复种指数高，秸秆资源丰富，畜牧业和食用菌产业发达，因此应通过系统耦合加强农业废弃物"再利用"和"再循环"技术研究，实现农业清洁生产和废弃物循环高效利用，其深入的探索与成功的实践有利于使东南地区农业朝资源节约型、环境友好型和废弃物循环利用型方向发展。

目前，国内利用畜禽粪便、菌渣等农业废弃物的堆肥研究已经比较深入，但堆肥发酵工艺和质量控制技术的研究的报道并不多。资料表明，相关畜禽粪便和菌渣等废弃资源制肥的专利，有将农业废弃物用于生产药肥、生态型有机肥、增产肥、花肥、微生物肥料、生物有机肥料、栽培基质、有机–无机复混肥、保水型有机肥、农家肥、生物绿色肥、蔬菜有机肥等，但未见相关畜禽粪便和菌渣等农业废弃物制肥生产和施用的规范化或标准化的技术规程，这可能是因为废弃物品种繁多，不同地区的同一类型废弃物因饲养条件或栽培方法的不同，导致废弃物的物质组成差异较大，不同形成同一的标准。由于废弃物的前处理生产技术都没有相应规程或标准，导致工序随意性较大，肥料质量难以控制，其技术研究还有待进一步深化和提高，此外，遇到废弃物含有重金属等有害物质往往也无所适从。利用农用废弃物开发安全性肥料，并研制功能性肥料以生产无公害农产品，鲜见相关报道，是今后循环农业发展的关键技术之一。

第二节　食用菌生产技术发展现状与趋势

我国食用菌产业经过 30 多年的发展，已成为继粮、棉、油、菜、果之后第六大种植产业，食用菌的生产技术亦日趋成熟。食用菌的生产技术主要包括食用菌育种、培养料研制、栽培模式及食用菌的深加工等技术，其中培养料是食用菌生长发育的物质基础，也是食用菌生产的关键。影响培养料质量的有"原料配方、发酵工艺、生产方式"三大主要因素，亦是人们不断推进培养料生产技术进步和创新的 3 个主要研究创新内容。传统的食用菌培养料如棉籽壳、玉米芯、杂木屑、麦麸，稻草、高粱壳等的配方技术相当成熟，而新型栽培代料的配方研究一直以来是食用菌栽培的研究热点，尤其在农业生产废弃物资源化生产食用菌技术方面的研究更值得关注。当前果实类废弃物代料、中药类物质、粪便、草料、食用菌生产废料等农业废弃物栽培食用菌的研究已经取得了一定的进展，为拓宽食用菌栽培料的来源提供了丰富的资源。但是由于食用菌栽培代料的研究目前还处于初步试验阶段，尚未形成标准化生产技术，再加上由于农业废弃物代料与当地农业生产密切相关，农业生产的区域性决定了栽培代料配方的研究和技术完善还将是未来的重点。同时食用菌栽培过程还存在重金属污染问题，食用菌存在对重金属不同程度的富集作用，因此食用菌重金属污染的控制技术的突破亦是未来食用菌生产应关注的重点问题。

一、食用菌栽培基质替代原料的筛选研究

我国的食用菌生产品种以木腐菌为主，草腐菌为辅，故而对木材资源需求较大，其中最适宜种植食用菌的木材又是生长周期较长、培育较为困难的阔叶树，这就严重阻碍了食用菌生产的发展。据估算，消耗 70 m³ 的阔叶树仅能生产 1 t 的段木香菇，而要生产 1 t 出口菇则需要消耗 180 m³ 的阔叶树。随着食用菌产业的迅猛发展，包括食用菌干产品、副食品、保健品、新饮料等加工产业发展壮大，食用菌生产企业遇到了原料短缺、价格上涨等制约因素，食用菌的原料紧缺问题也日益突出，特别是在国家保护生态、封山育林政策的影响下，食用菌生产重要的原料杂木屑进一步匮乏。因此，如何寻求本地廉价的栽培原料资源，获取并高效利用新型农林废弃物培养基质，实现农林废弃物的循环利用，减少食用菌栽培对森林资源的紧密依赖与大量消耗，其价廉料优的培养料的筛选和开发受到业界的广泛关注。很显然，要促进食用菌产业高质量发展，除了要强化优良品种选育与应用之外，则必须强化 2 个方面协同攻关，一是优化配方与生态栽培模式研创及其集成应用；二是充分挖掘农牧菌业废弃物高效循环利用潜力。尤其是提高农业废弃物生产菌物的效率并促进高效循环利用，这无疑是十分重要环节，进而需要注重农业废弃资源的科学评价与综合利用，深入挖掘食用菌业生产潜力，充分提高循环利用效率，力求从源头上推动食用菌产业朝着资源节约与环境友好的高质量绿色发展方向迈进，助力乡村产业振兴与农民增收致富。

（一）茶副产品高效利用

我国是茶叶生产大国，茶树种植面积与产量均居世界首位，每年有茶梗、茶渣、茶枝、茶灰等大量茶副产品产生。茶树属于硬质阔叶树，其茶副产品含有丰富的纤维素和多种化学物质，为食用菌生长提供了优质的原料。刘明香等（2011）利用茶枝屑栽培灵芝，能正常生长、产生和释放孢子，但菌丝生长速度和生物转化率低于木屑培养基，可能是茶枝屑中含有的多酚、醛类等物质抑制了菌丝的生长；对灵芝主要药理成分（多糖和总三萜酸）进行分析，其含量均高于木屑培养基，试验

结果表明，茶枝屑栽培的灵芝品质更好，且以茶枝屑用量40%～70%产量效应最佳。王冲等（2013）进行茶枝屑培育灵芝原种，当培养料中含茶枝屑45%时，灵芝菌丝生长速度快、浓白、粗壮，菌丝性状优良；但菌丝生长速度低于木屑栽培。因此，要进行灵芝菌种的选育和驯化，筛选出优良菌种，提高对茶枝中抑制物的抗性。利用废弃茶枝代替灵芝栽培料中的木屑，在茶树下立体套种栽培灵芝，茶园为灵芝生长提供了天然遮阴保湿环境，降低栽培成本，减少环境污染，充分利用茶园土地资源，同时为茶园提供了优质有机肥料，实现资源的循环利用（王冲等，2013）。张海华等（2013）以茶渣为食用菌培养主料，研究不同食用菌菌丝生长状态和出菇情况发现，平菇650、白参菇、茶薪菇、凤尾菇、秀珍菇、灵芝、香菇、金针菇F19、金针菇F21和双孢菇能正常生长，而灰树花和姬松茸2个菌种的适宜性则有反复，其规律性有待于进一步研究。茶枝栽培食用菌其菌体能正常生长，菌体有效成分含量增加幅度达23%～46%，同时可平均降低36.5%的栽培成本，减少环境污染，为茶枝的利用提供了新途径。

（二）果皮果渣循环利用

果皮果渣是果品加工后的废渣，其主要成分为水分、果胶、蛋白质、脂肪、粗纤维等，可用于生产饲料，提取果胶、柠檬酸、酒精、苹果酚、天然香料等。果皮果渣含有多种有效成分，以此为主原料，配以麦麸、秸秆等辅料栽培食用菌是有效可行的。刘芸等（2010）以苹果渣为主料栽培凤尾菇、白灵菇和猴头菇，其菌丝长势及产物蛋白含量均优于常规的棉籽壳培养基，菌丝生长速度分别提高9.8%、7.8%、10.2%；菇品蛋白含量分别提高3.6%、2.8%、3.1%。试验结果表明，麸皮是苹果果渣栽培3种食用菌的最佳氮源，优于尿素、硝酸铵和硫酸铵等合成氮源。利用苹果果渣栽培鸡腿菇，随果渣比例增加菌丝长势表现良好，生长均匀；但菌丝生长速度缓慢（平均生长速度降低了2.6%），其主要原因是果渣的颗粒太细，袋内透气性较差，影响菌丝呼吸作用；选择合适配方栽培鸡腿菇时，生物学效率可达80%以上，其产量、形态、品质均符合要求（李彩萍等，2013）。杨晓华（2014）利用苹果渣栽培黑木耳，随果渣含量增加，黑木耳对培养料中粗蛋白、灰分的降解能力逐渐下降，呈负相关变化趋势；而对粗脂肪、粗纤维、总糖的吸收能力逐渐增多，呈正相关变化趋势。在秀珍菇栽培料中添加苹果渣35%时，菌丝生长状况良好，生物学转化率和产量最高（分别达82%、142 g/袋）；添加量为50%时，菌丝生长最快；添加量超过65%时，菌袋污染率相对较高，平均达13.6%（刘姿彤等，2013）。柑橘皮渣、沙棘果渣同为果品加工后的废渣，其营养丰富，可以栽培食用菌。张云茹等（2013）利用柑橘皮渣袋栽平菇，其出菇质量好，平均生物转化率高（超过80%）；栽培的平菇维生素 C、多酚、多糖含量明显高于市售平菇，农药残留小于绿色食用菌和无公害食用菌的农残标准。此外，添加不同比例柑橘皮渣对平菇营养成分多糖、蛋白质、膳食纤维、粗脂肪、氨基酸等含量的差异明显，通过合理设计柑橘皮渣比例来改善平菇的营养品质等（张云茹等，2013）。添加20%的沙棘果渣栽培木耳，对菌丝生长均有促进作用，木耳产量明显增加（平均增幅超过4.5%），耳片厚、口感好，蛋白质增加幅度达2.3%～3.1%，其他营养成分含量稳定。利用果皮果渣栽食用菌，可使果皮果渣废料得到充分利用，是一种资源合理利用的发展新模式。

（三）板栗苞壳循环利用

板栗苞壳是板栗坚果外面球形、密被针刺的总苞。其含有碳、氮、矿物质等多种物质，可为食用菌生长发育提供基本营养成分。我国板栗种植面积大，主产区每年产生大量的板栗苞壳。覃宝山等（2009）利用板栗苞壳栽培平菇、秀珍菇、杏鲍菇、灵芝等食（药）用菌获得成功，并对菌丝生长情况、生长周期、子实体性状、生物学效率、经济效益、营养成分等指标进行分析发现，其栽培效果较为理想，平均比对照增产3.6%～8.8%，为板栗苞壳栽培其他食用菌提供了栽培经验。王德芝等（2011）以板栗苞壳为主料，经生物发酵、石灰水浸泡、直接拌料装袋3种原料处理方式栽培茶薪菇表明，生物发酵与石灰水浸泡、直接拌料装袋差异显著，利用板栗苞壳生物发酵栽培茶薪菇，其菌丝生长旺盛、生物转化率较高，产量提高3.7%～6.5%。试验表明，对发酵材料进行预处理（生物发酵），可以明显提高食用菌产量。利用生物发酵处理过的原料栽培榆黄蘑，菌丝生长健壮，子实体产量较高，生物学效率达99.8%，栽培成本降低0.40元/kg，投入产出比达1：2.8（覃宝山等，2010）。叶仲顺等（2012）利用浙江西部山区废弃板栗苞壳进行平菇栽培，其效果良好，生物转化率可达100%～120%。陶祥生等（2014）利用栗苞木屑代料栽培灰树花，随栗苞木屑比例增加，菌丝生长速度随之降低，且满袋时间延长，污染率则大幅增加；栗苞木屑栽培灰树花产量与常规配方产量相比无明显差异，但出菇时间提前10 d。利用板栗苞壳栽培食用菌，不仅减少板栗苞壳污染，而且可充分利用农业废弃物资源，延伸产业链，提高农林副产品附加值。

（四）木薯秆的循环利用

木薯是我国广西、广东、海南、云南、贵州、福建等省区旱地栽培的主要经济作物之一，对土壤条件要求不高，易生长、易种植和易管理。木薯秆是收获木薯后的地上枝干部分，经加工后的木薯秆屑质地疏松，含有粗蛋白 7.76%、粗纤维 36% 和淀粉 33%（吴章荣等，2014）。木薯渣为木薯加工后的废弃物，同样含有大量的纤维素和淀粉。木薯秆屑和木薯渣中含有食用菌生长所需的营养物质，适用于栽培食用菌。陈丽新等（2009）以木薯酒精废渣为主料栽培金福菇，当添加量为 30% 时，菌丝生长速度快，但较为稀疏，颜色偏淡，第 1 潮菇生物学效率较低；添加量为 60% 时，菌丝生长速度显得稍慢，但后期生长旺盛，粗壮浓密，第 1 潮菇生物学效率达 86%，明显高于其他配方。将木薯秆、木薯酒精渣按一定比例混合分别栽培平菇、毛木耳时，菌丝生长速度快、产量高。吴章荣等（2014）利用木薯秆屑为主料栽培杏鲍菇取得良好成效，试验结果表明，木薯秆屑添加量以 70%～80% 为宜，且添加适量的棉籽壳，既能保证生产效益，又能减少生产成本。利用木薯秆栽培秀珍菇秀珍 3 号发现，最适配方为木薯秆屑 45%、木屑 17%、棉籽壳 20%、麦麸 15%、石膏 1% 和石灰 2%。陈雪凤等（2014）研究不同比例木薯秆屑栽培秀珍菇表明，随木薯秆屑添加量增加，棉籽壳减少，对秀珍菇菌丝的紧密度、菌包失水程度、出菇后劲、子实体经济性状等均有一定的负面影响。在实际生产中，木薯秆用量以不超过 50% 为宜，并要添加适量的木屑（5%）和棉籽壳（10%），以提高出菇的后劲及保水能力。利用木薯渣 60%、醋糟渣 30%、麸皮 10%，在水分 65%、pH7.0～7.5 条件下，菌丝萌发早、吃料快，整个发菌期减少 5～6 d，两潮菇生物转化率达 107.5%。赵承刚等（2014）以木薯酒精渣 50%、木薯秆屑 30% 和米糠 15% 配比栽培巨大口蘑表明，其菌丝生长良好，子实体产量提高 11.2%，单菇重量比较大。试验结果表明，利用木薯秆，木薯渣栽培食用菌是可行的，但必须控制木薯秆或木薯渣在培养基中的比例。

（五）棉秆资源循环利用

我国是棉花生产大国，棉花产量约占世界的 1/4，年产棉秆的数量超过 3 100 万 t，棉秆粗蛋白高达 6.5%，且粗纤维含量丰富，是栽培食用菌的优质原料。采用棉秆发酵料栽培双孢蘑菇，产量在 15 kg/m² 以上，明显优于传统的麦秸料、稻草料和玉米秸秆料，而且发菌快、菌丝壮、出菇早、出菇期长、品质优良。张瑞颖等（2012）利用棉秆栽培柱状田头菇、秀珍菇表明，适当比例的棉秆均可促进菌丝生长和增加子实体产量，生物学转化率较高。但培养基中棉秆添加量要适当，棉秆含量过高可能引起子实体中粗蛋白含量下降，从而影响产量和品质。刘宇等（2012）利用发酵棉柴与未发酵棉柴栽培杏鲍菇发现，两者均有利于杏鲍菇菌丝的生长；在一定范围内，杏鲍菇的菌丝生长速度与配方中发酵棉柴（20%～80%）和未发酵棉柴（20%～60%）的添加量成正比，当两者含量为40%时，其生物学利用率（96%）最高。通占元等（2010）将棉秆砍切成 15 cm 以下碎段，经碱化和发酵处理后，用圆柱或长方体模具做成菌柱或菌块栽培平菇、姬菇、鸡腿菇，总结出碎段棉秆柱（块）式培食用菌的配套技术，为棉秆栽培食用菌开辟了新途径。实践证明，碎段棉秆柱（块）式栽培平菇、姬菇、鸡腿菇，方法简便、用工少、成本低、效益提高23%以上，是一种全新的棉秆栽培食用菌模式。

（六）苎麻副产品的应用

苎麻为多年生麻类作物，是特有的纺织纤维原料作物。苎麻副产品是苎麻剥皮后废弃的麻骨、麻叶。苎麻副产品占苎麻生物产量的80%，含有大量纤维素、木质素。徐建俊等（2012，2013）利用苎麻麻骨栽培秀珍菇、平菇和姬菇获得成功，并比较了苎麻全秆对秀珍菇、平菇子实体生长、生物转化率，试验结果表明，子实体生长、生物转化率均分别高于对照处理13%、5.8%以上，但两者之间存在一定的差异，进而可以根据实际种植情况选择培养料配比。李智敏等（2012）利用苎麻秸秆栽培杏鲍菇，与常规培养料相比，添加苎麻副产品的出菇期短（28～32 d），生物学效率高（62.0%～75.4%），子实体农艺性状优于对照处理，表明苎麻副产品是栽培杏鲍菇的优质原料。

（七）大田作物秸秆利用

我国作为农业大国，农作物秸秆资源非常丰富，每年秸秆总量超过 7 亿 t。实践表明，玉米、稻草和小麦等秸秆是食用菌栽培的传统材料。随着社会的发展，一些新型作物秸秆被利用栽培食用菌。李守勉等（2014）利用筱麦秸秆栽培双孢菇，与常规培养料比较，其发菌速度快，菌丝生长势好，菌丝产量与稻草为主料的接近，高于麦秸主料。王建瑞等（2013）以小麦茎为主料栽培糙皮侧耳和美味扇菇，菌丝生长速度和子实体原基形成较棉籽壳慢 2～3 d，但生物转化率均高于棉籽壳栽培处理。利用荻枯茎栽培食用菌，因荻草疏松，茎秆中空弹性大，比重较小，脱水容易吸水难，经过粉碎、浸泡，添加辅料后，在装袋过程中极少发生刺破菌袋的现象，高压蒸煮后荻草组织紧实，持水性能较好，出菇过程中极少发生脱袋现象。利用水葫芦渣、五节芒、菌草等栽培食（药）用菌，菌丝生长速度快，子实体产量提高 12% 以上（董晓娜等，2013；黄玉琴等，2014）。因此，开发新型秸秆栽培食用菌，可以解决环境污染和菇业生产的原料紧缺问题。

（八）桑枝资源循环利用

我国是世界上最早种桑养蚕的国家，随着桑树种植面积的不断扩大，产生了大量桑枝条，成为影响农村环境的废弃物之一。桑枝条含有大量果胶和纤维素，可为食用菌生长提供营养物质。若将桑枝用于食用菌栽培，可变废为宝，提高蚕桑生产经济效益，促进蚕桑生产的稳定发展（卢玉文等，2013）。以桑枝屑为主料，对不同秀珍菇菌株进行配方筛选，不同配方栽培秀珍菇，其菌丝生长速度、子实体形态及生长情况、子实体颜色和产量、生物学效率、污染率等都表现出明显的差异，表明菌株与配方筛选在试验和推广中具有重要作用；卢玉文等利用桑枝栽培猴头菇，其菌丝生快（25 d 满袋），子实体经济形状良好，抗 CO_2 能力强，菇体大且圆整，致密紧凑，色白适中，生物转化率高（98.2%）（韦旅研等，2013；吴登等，2011）。王伟科等（2008）研究表明，随桑枝屑含量的增加，秀珍菇菌丝生长速度逐渐减慢，当桑枝屑含量超过 30% 其产量明显下降；桑枝屑含量在 10%～20% 时，秀珍菇产量比对照组提高 23%，该配比不仅有利于提高菌体产量，又有利于降低生产成本。陈娇娇等（2011）研究表明，单纯用桑木屑做主料栽培平菇的总体效果不及用桑木屑和棉籽壳搭配使用，平菇鲜菇产量与生物学转化率均随桑木屑含量增加而下降，主要原因是碳氮比失调。在配方中添加棉籽壳和蔗渣，是因为其营养丰富，碳氮比例适宜，能满足菌丝体生长后期所需的营养物质，促进子实体的形成。

（九）桉树木屑综合利用

桉树是世界上三大著名速生树种之一，我国南方地区通过 10 年引种和种植，其生长量、蓄积量均居全国第一。桉树皮是一种高水分、高挥发性、低灰、低氮、低硫、发热量低、不易燃烧的物质，传统焚烧或填埋既造成资源浪费，又严重污染环境，如何有效利用桉树副产物成为亟待解决的命题。夏凤娜（2012）将桉树木屑（皮屑、杆屑、皮杆混合屑）作为栽培基质，分别栽培灵芝、秀珍菇、刺芹侧耳及金针菇 4 种食用菌，其中灵芝、刺芹侧耳、秀珍菇在桉树皮杆混合屑培养料上菌丝粗壮、茂密，生物化率较高、子实体生长整齐，显示出良好的适应性；金针菇在桉树木屑培养料中菌丝生长较弱，不能出菇。陈丽新等（2013）在平菇、毛木耳栽培培养基中添加不同比例的桉树木屑，其菌体能正常生长，且生长速度快，菌丝洁白、粗壮、浓密，转接效果好。陈丽新等（2013，2014）分别考察了9株秀珍菇，9株平菇在PDA中的表现，并从桉树皮培养基上菌丝生长情况、子实体生物学效率及农艺商品性状差异，分别筛选出适合在桉树皮生长的秀珍菇4株，平菇6株，为食用菌栽培推广提供了种质资源。亢希然等（2013）利用桉树皮代料栽培姬菇，在培养料中添加51%的桉树皮能显著提高姬菇菌丝的生长速度，生物转化率达95.93%。试验结果表明，桉树皮能替代部分棉籽壳栽培姬菇。

（十）竹副产品循环利用

中国是世界上产竹最多的国家之一。随着竹产业的发展，我国已形成从资源培育、加工贸易到出口贸易的新兴产业，成为产竹区的经济支柱。竹产品加工产生大量的副产品，开发新用途、新领域，提高竹副产品的资源利用率，并进一步向深度加工发展，减少竹笋壳、竹材加工废料对环境的污染，成为目前需要解决的问题。竹子及竹副产品的主要成分是纤素、半纤维素和木质素，其含量占90%以上，很适合食用菌的生长。黄惠清（2011）利用竹屑进行反季节覆土栽培香菇获得成功，并具有以下特点：以竹屑作为培养料的主料，可以变废为宝、成本低廉；利用出菇季节，错开栽培；实现换季出产、物稀价贵；采用覆土式栽培方法代替传统的搭架式栽培方法，出菇均稳、产高质优。利用竹屑栽培竹荪表明，当培养料发酵45 d时，竹荪菌丝生长速度最佳（0.36 cm/d），菌丝洁白、粗壮、长势好。

二、培养料高效发酵技术研究

发酵工艺是食用菌栽培核心技术之一，传统发酵技术是以传统微生物学为理论指导，采用物理调控技术，以温度为主线，对培养料发酵过程中的"温、湿、气"等环境条件进行控制，为自然存在的有益微生物创造一个良好的生态环境，使其快速生长繁殖，经复杂的生物生化作用，蓄积和富化了食用菌所需的营养物质，达到腐熟培养料的目的。传统发酵技术存在时间长、效率低等缺陷，应用微生物菌剂可以明显促进初期堆肥进程和保持较高的降解速度，筛选高效微生物菌剂促进培养料的发酵一直以来是食用菌发酵技术需突破的难点。目前国内外对堆肥接种剂的研究已经有了较大的进展，日本、美国等国家已经开始利用专门微生物菌剂进行高温堆肥发酵处理，日本琉球大学微生物学教授比嘉照夫博士发明的 EM 菌在利用堆肥技术生产有机肥方面具有明显的效果，其用于食用菌培育料的发酵也取得突破性的进展。酵素菌也被证明能在短时间里分解培养料中营养成分并转化成为可供植物利用的有效成分，目前已在世界上 20 多个国家推广应用。上海农业科学院食用菌研究所研制出的蘑菇培养料"高温发酵剂"，在蘑菇培养料的制备中得到部分应用。江苏淮安市大华生物制品厂，开发出食用菌原料专用发酵剂－发酵增产剂，已应用于蘑菇培养料一次发酵法中，这些发酵菌剂的应用大大地改善了堆料发酵状况，简化工艺，缩短了发酵时间，使发酵价值和质量得到了提高，但是发酵菌剂的品种较少和部分发酵菌剂在应用上的专一性导致筛选高效的微生物菌剂仍是未来的研究热点。蘑菇培养料的集中三次发酵技术始于20 世纪 90 年代早期，隧道式三次发酵具有发酵稳定、时间短、病虫害少、高含水量等的优点，目前已传遍了整个荷兰及其他欧洲国家乃至全球，该技术在我国的应用目前尚属于初步阶段，还有待于进一步深入和完善。

食用菌菌渣含丰富的氮磷钾等无机养分，蛋白质等有机养分，以及其他活性物质，是农作物生长的营养源。目前对食用菌菌渣的利用主要集中在肥料化、饲料化和作为栽培基质等方面，其中肥料化和饲料化过程中微生物发酵菌剂的筛选和发酵工艺是菌渣高效利用技术的瓶颈，也是长期以来研究的热点和难点。目前菌渣生产肥料尚无相应规程或标准，其技术研究还有待进一步深化和提高，此外，菌渣中超标的有害物质如重金属等的控制技术尚属空白。对食用菌废弃物在加工行业的应用研究仅在香菇和双孢蘑菇菇柄的利用方面，主要集中生产酱油、菇柄肉松、蜜饯、提取多糖等方面，我国菇柄利用专利申请主要集中在国内，保护内容涉及酱油、菇柄仿肉松、蜜饯、提取多糖、饼干。然而对于除香菇和双孢蘑菇加工废弃物方面的技术仍较少。因此食用菌废弃物再利用将是今后食用菌清洁生产的关键技术，也是循环农业模式的关键技术之一。

第三节　推进农牧菌循环农业发展的对策建议

一、发展思考

20 世纪 40 年代以来，美国、日本、荷兰等一些发达国家开始从农法栽培食用菌逐渐转型为工厂化栽培，主要栽培品种有双孢蘑菇、金针菇、平菇等。20世纪60年代，全球食用菌的生产主要集中在欧美发达国家，其中欧洲、北美一些国家的双孢蘑菇总产量甚至达到全世界双孢蘑菇总产量的90%，但菇种比较单一。直到20世纪70年代，东南亚食用菌产业迅速发展，双孢蘑菇的栽培面积已超过欧美国家。1974年在日本召开的国际食用菌大会上，除双孢蘑菇外，还推出了金针菇、香菇、平菇等食用菌工厂化栽培技术，欧美独占鳌头的产业格局开始发生重大变化。近30多年来，我国食用菌产业以金针菇技术为主导快速发展，1978年我国食用菌总产量仅占全球总产量的5.7%，1983年占12%，至20世纪90年代，我国菇类年总产量一度占到世界总产量的70%，并且一直在持续上涨。到21世纪，全球食用菌产量基本稳定，我国食用菌产量占据全球第一，其余按产量依次为美国、日本、荷兰、韩国、越南、法国、泰国、英国等，大多集中在发达国家。

在欧美食用菌产业中双孢蘑菇拥有不可撼动的地位。实际上，双孢蘑菇的近代人工科学栽培方法起源于1707年法国的矿洞巷道栽培。双孢蘑菇需求的快速增加已让欧美国家不满足于仅靠人工简单工艺来栽培双孢蘑菇，开始探索并推动了欧美双孢蘑菇生产的工业化、集约化和产业化进程。1910年，美国发明了双孢蘑菇标准化菇房，至此双孢蘑菇工厂化模型初步形成。直到20世纪30年代末，双孢蘑菇在欧美彻底实现了工厂化栽培，双孢蘑菇的产量也有了质的提升。从19世纪30年代的双孢蘑菇全球产量仅4 000～5 000 t，到1950年已达到6.6万t，到1980年全球总产量已经超过80万t。20世纪90年代，欧美的双孢蘑菇产量处于基本稳定状态，一直在85万t左右徘徊。2000年以后多数主产国产量开始持续下降。日本于20世纪30年代开始在木腐菌工厂化栽培食用菌方面取得了一系列进展，除技术比较成熟的金针菇工厂化栽培之外，又相继开发了杏鲍菇、灰树花、滑菇等多种木腐菌的工厂化生产。工厂化栽培与智能化管理技术的发展，使得亚洲食用菌总产量快速增长。非洲的食用菌发展较晚，近年来，在"一带一路"策略的带动之下，非洲的一些国家也开始了食用菌的栽培，如埃及、赞比亚、坦桑尼亚、肯尼亚等国家。我国推行的"一带一路"政策已将我国的食用菌技术传播到更多的非洲国家，如将我国的农法栽培平菇技术传播到南非、肯尼亚等国家，其中福建农林大学的菌草技术的推广应用，带动了许多非洲国家的食用菌产业的绿色发展，助力当地农业经济发展与农民增收，食用菌产品开始逐渐走进非洲百姓市场，丰富了市场供应。

很显然，未来食用菌工厂化生产与智能化管理将呈现高速发展态势。工厂化栽培食用菌是工业化与智能化的现代农业，随着从事农业人口的减少，以及人们对传统农业观念的转变，并随着人们对食用菌产品供应需求的增加，食用菌工厂化生产与智能化管理技术将逐渐代替家庭作坊和分散经营的手工作坊，成为未来食用菌生产的主要栽培模式，所以工厂化高质量生产是食用菌产业发展的必然趋势，欧洲、美国、日本、韩国等发达地区和国家的工厂化食用菌生产已基本完成了对传统模式的替代，其中日本、韩国食用菌工厂化占有率达90%以上，欧美发达国家食用菌工厂化生产与智能化管理技术应用面超过95%。与发达国家及地区相比，我国工厂化生产与智能化管理技术应用尚有很大的发展空间，未来几年仍将是发展的黄金时期。进而，促进农牧菌循环农业高质量发展需要把握五个重要环节：强化优良品种选育与集成推广应用；强化绿色栽培技术攻关与规模开发；强化菌渣循环利用与保护生态环境；强化研发栽培设施与配套装备应用；强化生产标准制定与智能管理能力。据业内人士预计，未来10年内工厂化种植产量将达到食用菌总产量的35%以上。就此，要顺应全球食用菌产业高质量绿色发展趋势，强化科技创新，带动产业持续发展，满足城乡居民对高质量食用菌产品的需求，为丰富百姓"菜篮子"与农民"钱袋子"作出更大贡献。

在国家乡村振兴、发展循环经济、高效生态农业、特色林下经济及现代设施农业等相关方针政策的支持下，各地要按照中央提出的"乡村振兴""绿色发展""提质增效"和"转型升级"的高质量发展要求，努力将食用菌行业打造成现代绿色农业的特色产业。就发展思路而言，重点包括5个方面。一是加大政策扶持与引领。应根据各地乡村实际，主动发挥政府管理职能，以产业转型升级为动力，配合农业供给侧结构性改革；以市场需求为导向，构建科学合理的生产体系；采取合作社的形式，鼓励广大菌农积极参与到食用菌生产与经营体系中来，建立示范基地，实现强强联合，提高食用菌产业竞争力。二是因地制宜创生产模式。充分利用各地乡村自然资源，发展特色规模种植，按国家法规政策对抚育间伐材、林木枝丫材、菇材专用林等林业资源进行科学规划与持续利用，重点发展市场前景好的速生树木品种；与此同时，要因地制宜高效利用农牧产业废弃物资源，因势利导创立适宜的农牧菌业高效生产与绿色开发模式，既解决乡村环保问题，又实现变废为宝目标。三是以龙头企业带动创业。工厂化集约化生产已成为食用菌产业转型升级的发展方向，要积极引进食用菌龙头企业与专业人才，加强各高校科研机构的合作与交流，培养食用菌生产一线的人才队伍，构建人才交流渠道并实现高水平技能人才的培育使用。四是以高质量产品为基础。要注重适宜工厂化生产的优良菌种的选育，抓好食用菌产业链的"源头"，抓住中国食用菌的"芯"，利用国家重点实验室在种质资源研究中的优势，研究并统一制定食用菌工厂化生产的菌种标准，采用有效的注册方式，真正实现菌种的知识产权的保护，完善食用菌产业链监控机制，制定科学的生产流程，严把质量关，确保产品卫生安全，使生产过程达到高标准，以质量求发展，以安全赢得信赖。五是以激励机制促进创业。我国虽已出台了鼓励发展生态循环农业的政策法规，但主要是用于开展畜禽粪污综合利用、秸秆全量化利用和标准化与清洁化生产等方面的建设，在菌业副产物资源化循环利用模式方面相关的政策支持力度有待于进一步加强，尤其是缺乏有效的激励机制。但现阶段菌业高效循环的产业化体系未能得到很好地培育壮大，食用菌产业园区服务体系不尽完善、龙头企业成长缓慢和基础设施建设不到位等问题会限制菌业高效循环生产模式与高质量绿色产业化的正常运转。

二、对策建议

（一）强化菌业循环，实现生产生态融合发展

为了更好地推进食用菌业副产物资源化循环利用模式的发展，需要政府管理部门对食用菌业副产物资源化利用给予明确的发展定位，并建立健全相关的政策法规；应当将菌业循环模式纳入食用菌产业的发展规划与布局中，重视食用菌副产物综合利用工作，通过减免税和低利率融资等办法，积极扶持相关循环菌业企业，并积极宣传推广成熟的农牧菌循环利用模式；因地制宜建立菌业循环利用产业园区，使食用菌业与其他产业相结合，通过资源间匹配和产业间耦合，实现副产物资源高效利用。要注重实施菌业副产物循环利用的激励政策，鼓励企业运用并拓展食用菌副产物循环利用模式；加大资金扶持力度，加强菌业副产物利用的基础设施建设，如沼气池、堆肥厂等。此外，菌业副产物循环利用模式是一项系统性很强的工作，需要广大农户参与进来，但农户们普遍存在循环意识薄弱、对新技术信任度不高等问题。食用菌产业的高质量绿色发展，需要大量专业人才参与，要创造条件让大学毕业生投身食用菌产业开发。因此，要加强菌业循环利用模式的宣传力度，让广大农户树立食用菌业副产物是"放错位置的资源"的意识，并自愿、积极地投入到菌业循环开发工作中。科研部门要加强菌业循环利用的基础理论研究，食用菌业副产

物循环利用模式的研究涉及多个学科，技术面广。进而，迫切需要应用菌业循环相关技术理论的系统性指导，提高食用菌业与种植业、养殖业关联产业的整体效益，促进产业与农业环境的协调发展。

（二）强化多元投入，大力支持全产业链发展

随着新材料、自动控制等高新技术的食用菌工厂化应用越来越广泛，科技创新创业应予以有效投入支持。近年来，在国家对农业种植类项目大力扶持下，食用菌产业迅速发展，解决了一系列技术难题。建议国家每年要下拨农业专项扶持资金用来发展现代食用菌产业，引导大中专毕业生、新型职业农民、务工经商返乡人员领办农民合作社、兴办生态菌业家庭农场、建设食用菌产业特色小镇等创业活动。中国食用菌业的发展无疑是乡村产业振兴的重要抓手，通过鼓励农民合作社发展食用菌生产、菌业产品加工、销售，培育壮大食用菌产业化龙头企业，建设标准化和规模化的生产基地，带动农户和农民合作社发展适度规模经营，解决了农民增收致富的问题，为乡村创业带来了美好前景（牛贞福等，2016；冀宏等，2008）。力求通过多元化的投入，改进与提升设施栽培装备水平，促进菌类作物的高效栽培与绿色生产，将动植物生产副产物作为其生产基质，进入新的生产体系中，既可实现生态经济发展目标，降低其对生态环境的负面影响，进而解决了秸秆焚烧导致的空气污染、火灾和危害人类健康等问题。重点是进一步拓宽和加强食用菌绿色生产与农牧废弃物循环利用，尤其要强化食用菌工厂化生产智能管理与产品质量的有效控制，不仅能够提升产品质量安全水平，还能够降低劳动强度与生产成本。同时要加大资源节约与环境友好技术攻关，将食用菌生产废料进行还田或者作为菌物蛋白饲料，甚至可以用菌渣再生种植其他食用菌，实现循环利用；让食用菌生产链产业链更加完整多样，让食用菌工厂化智能化生产以及食用菌产业获得更多收益。

（三）强化人才培养，支撑高质量的菌业发展

随着食用菌产业的迅速发展，生产实际中对食用菌专业人才、特别是高素质人才的需求日益增加（王杰等，2016；卢敏等，2012）。然而，由于我国高等院校专业目录经过多次调整，培养模式、层次逐渐趋同，导致考生选择专业偏差、培养的人才与市场需求脱节，从而导致人才对口就业率比较低。要加快推进全国食用菌产业发展和人才队伍建设，为食用菌产业发展提供可靠的科技支撑和人才保障，吉林

农业大学建立了食用菌人才的系统培养工程，实施从专科、本科、硕士、博士到博士后全层次人才培养战略。同时李玉院士团队与吉林双辽职业学校、江苏南京晓庄学院、江苏农林职业技术学院等院校联合培养食用菌产业梯队人才。目前有很多省份也在积极开展食用菌产业发展与人才培养相关的活动。近几年，山东农业大学、华中农业大学、福建农林大学、山西农业大学等也相继成立独立的食药用菌专业，使得食药用菌专业不再涵盖于其他专业当中，同时很多高校也将食用菌工厂化相关课程纳入学生学习范围内或者专门开设了相关课程。在推进食用菌传统产业发展的同时，也促进了食用菌工厂化智能化企业的飞快发展（鲁丽鑫等，2017）。20 世纪70 年代，以现场教学为主、以技能培训为核心的模块化教学模式，较适合传统食用菌专业人才培养教学模式（杨玉画等，2011）。食用菌工厂化生产的教学课程对于学生的实际操作性要求相对较高，培养计划应该更加注重实训模块的教学安排（图力古尔等，2017）。以吉林农业大学食用菌专业人才培养模式为例，采用模块化教学体系，开发大型仿真实验室，并建立国内首家校内工厂化实习实训基地，并成为国家级科普教育基地，系统开设食用菌工厂化生产与智能化管理的课程，成为培养食用菌产业技术人才的示范之地。深化人才培养体系建设，要应对我国食用菌产业高质量发展进行课程设计与教学结构调整，要建立多层次的食用菌专业人才培养体系，不仅需要本科教育，也需要职业教育或更高端的研究生教育，培养多层次梯队人才，提高学生的专业技能和科学素质。学生的实习实训方面与企业建立合作机制，能够了解一线的生产需求，加强专业基础知识的深化，同时反馈专业基础知识的缺陷，完善理论知识的学习内容。利用企业创新创业平台，转化新成果，构建和完善创新型与实用型人才的培养体系，让更多的创新与创业人才在生产一线发挥重要作用。

（四）强化品种选育，为食用菌产业提供支撑

随着科学研究的深入，食用菌资源不断创新，食用菌品种家族不断壮大，传统进化系统的研究结果也发生了变化，直接影响到食用菌菌种的知识产权与有效的推广应用。目前菌种的知识产权普遍受到生产企业的关注，越来越多的技术被应用到知识产权的服务之中，为食用菌工厂化生产与智能化管理的未来发展提供了坚实的基础保障，虽然食用菌子实体具有易受环境条件影响而变化的特性，给大型真菌准确的分类单元划分带来了一定的困难（刘正慧等，2018；李玉，2018），但食用菌高产优质基因（Terashima et al.，2002；Chiu et al.，1995）筛选及其杂交利用和单

拷贝的保守蛋白基因激活等新技术的应用，无论是传统的生物学基础，还是 DUS 系统比较，已经使得菌种的知识产权越来越明晰。除了继续强化常规育种攻关之外，要加大新技术的育种攻关力度，力求开辟更为便捷安全的途径获得高优品种（宿红艳等，2008；Alfonso et al.，2001）。与此同时，优良菌种的选育技术也应进行深入研究：①对优质、耐低温、抗病虫等性状进行鉴定和遗传基因型分类（Staniaszek et al.，2002；Chiu et al.，1996；刘培贵等，2003），发掘优良菌类作物种质资源；②利用基因组测序、重测序和代谢组技术，按照优质和抗逆性强，结合基因型和表型数据进行系统分析，运用食用菌分析软件，实现扫描并精细定位与品质、耐低温、抗病虫和子实体颜色等性状相关的 QTL 和关键基因相关性，完成抗病、抗逆品种创制（许晓燕等，2008；陈美元等，2009）；③利用菌类主要农艺性状的筛选及其育种模型，进行杂交育种选配，完成高产、优质、耐低温、抗病虫的新种质创制（阮成江，2002）。深化多方面与多途径的育种技术研究，无疑是优良品种创新的基础，尤其是基础科学理论与育种技术的进步，必将为食用菌产业的高质量绿色发展提供重要基础，为产业持续发展提供持续动力。

（五）强化智能管理，健全完善工厂化生产链

食用菌工厂的生产链较为单一，很多工厂以单一食用菌生产为主。这种情况很大程度上受限于不同食用菌的不同培养方法，而厂房设计针对性强的目的是最大限度地提高单一品种的质量、产量及效率。为了使食用菌生产链更为完整多样，可以在设计生产食用菌厂房时考虑多种食用菌生产线的比例分配，这样可以根据食用菌市场进行季节性调节生产，保证食用菌销售利益最大化。食用菌工厂化生产，要在全国实施科学化的布局，适中的体量是市场规律的要求，随着技术的提高，传统生产模式会不断地被淘汰，工厂化的先进生产模式也要符合经济运行规律，不宜盲目求大规模而造成经济利益损失。就成功经验而言，在相对发达的国家，食用菌工厂化生产能存活下来的大多是适中规模的高效企业，许多高效益的食用菌企业都在发展智能化管理技术方面走在前列。成功的经验予人们深刻的启示，远距离的运输成本和市场的波动对于超过百吨的食用菌企业而言是十分重要的，要从财务成本、运输成本等方面考虑最佳自身运行方案。食用菌工厂智能化的管理要靠标准，对集约化生产重大决策，特别是设计等要请同行专家论证。对于各项技术的实施要联合制定生产与管理的企业标准，对可能的疏忽要严格防控；要健全完善工厂化生产链的智能可控标准，需要组织专家团队予以调研分析，发动科技人员与一线工人共同参

与，减少凭个人经验操作而造成的管控失误，减少对个人经验的过度依赖。另外，企业还要与专业的团队定期对工厂环境、工艺安全进行检测评估，并对生产一线管理人员与工作人员进行培训，以求适应食用菌高质量发展的技术与管理要求。

（六）强化科技攻关，重点突破生产瓶颈

纵观食用菌业副产物循环利用模式发展的实际情况，要突破目前的技术制约，需要从以下的技术环节加以深化研究。一是加强对现有副产物资源化循环利用模式关键接口技术研究，并积极探寻新的资源化利用途径。二是建立食用菌业副产物循环利用后对农业生态环境影响的综合评价体系，完善菌业副产物无害化利用技术体系。三是制定菌业副产物循环利用模式相关技术标准与规范。建议食用菌科研机构及基层农业技术相关部门紧密结合食用菌栽培户的科技需求，集中力量深入一线，因地制宜制定统一的技术标准并予以推广应用。使其简单化、规范化、实用化，具有更强的科学性与可操作性。四是加强食用菌科技人才培训与示范基地建设。由于存在食用菌栽培户的循环利用意识淡薄、基层科技力量薄弱及集约化处理力度不够等问题，制约着菌业副产物循环利用模式的进一步发展。五是通过定期组织专家开展菌业循环模式培训班、现场示范指导和栽培大户技术人员交换挂职等形式，培养本土科技骨干人员，为今后食用菌产业升级提供技术支撑；六是以点带面构建菌业循环利用推广网络。通过建设显示度高、操作性强、连接性广的菌业副产物资源化循环利用与高质量绿色开发 App 系统，及时了解食用菌栽培户对菌业循环利用与绿色开发进展、动态、趋势，为菇农积极参与到菌业绿色开发的事业提供便捷通道，同时方便开展技术培训并答疑解惑，为乡村食用菌产业振兴提供智力支持。

参考文献

陈娇娇，唐才明，黄日保，等，2011. 桑木屑不同配方栽培平菇对比试验初报 [J]. 食用菌（3）：34-35.

陈君琛，周学划，赖谱富，等，2012. 大球盖菇漂烫液喷雾干燥制营养精粉工艺优化 [J]. 农业工程学报，28（21）：272-279.

陈丽新，陈振妮，董桂清，等，2013. 适宜桉树皮栽培的广温型平菇优良菌株筛选 [J]. 食用菌（6）：23-25.

陈丽新，陈振妮，黄卓忠，等，2014. 木薯产业废弃物栽培毛木耳的配方优化试验 [J]. 中国食用菌，33（6）：32-34.

陈丽新，陈振妮，黄卓忠，等，2014. 适宜桉树皮栽培的秀珍菇优良菌株筛选试验 [J]. 中国食用菌，33（1）：11-13，16.

陈丽新，陈振妮，汪茜，等，2013. 桉树木屑在食用菌菌种生产上的应用试验 [J]. 南方农业学报，44（4）：644-648.

陈丽新，黄卓忠，陈振妮，等，2014. 纯木薯废弃物栽培平菇的配方优化及效益分析 [J]. 南方农业学报，45（8）：1424-1428.

陈丽新，黄卓忠，韦仕岩，等，2009. 木薯酒精废渣栽培金福菇试验 [J]. 广西农业科学，40（11）：1473-1475.

陈美元，廖剑华，王波，等，2009. 中国野生蘑菇属 90 个菌株遗传多样性的 DNA 指纹分析 [J]. 食用菌学报，16（1）：11-16.

陈雪凤，陈德荣，吴章荣，等，2011. 不同木薯秆添加量栽培秀珍菇配方比较试验 [J]. 东北林业大学学报，39（5）：123-124.

董晓娜，陈喜蓉，钟剑锋，等，2013. 巨菌草栽培灵芝试验初探 [J]. 热带林业，41（1）：39-40.

宫春宇，张瑞颖，邹亚杰，等，2015. 刺芹侧耳菌渣含水量、床架层次及发酵处理对草菇栽培的影响 [J]. 食用菌学报，22（2）：30-34.

龚道生，2011. 五节芒栽培花菇技术与效益的分析 [J]. 防护林科技（3）：40-42.

胡清秀，张瑞颖，2013. 菌业循环模式促进农业废弃物资源的高效利用 [J]. 中国农业资源与区划，34（6）：113-119.

黄惠清，2011. 竹屑反季节覆土栽培香菇 [J]. 福建农业（3）：20-21.

黄勤楼，钟珍梅，黄秀声，等，2016. 纤维素降解菌的筛选及在狼尾草青贮中使用效果评价 [J]. 草业学报，25（4）：197-203.

黄秀声，钟珍梅，黄勤楼，等，2014. 利用 [15] N 示踪技术研究 8 种禾本科牧草对氮肥的吸收和转化效率 [J]. 核农学报，28（9）：1677-1684.

黄玉琴，项丽娟，林占熺，等，2014. 菌草栽培银耳培养基配方筛选 [J]. 中国农学通报，30（7）：86-89.

冀宏，杨东霞，赵黎明，2008. 适应产业发展培养食用菌高等专业技术人才：兼析高校食用菌人才培养目标定位与教学改革 [J]. 食用菌（4）：1-3.

亢希然，刘纪霜，谢日禄，等，2013. 桉树皮栽培姬菇试验 [J]. 食用菌（6）：31-32.

李彩萍，聂建军，徐全飞，等，2013. 利用苹果果渣栽培鸡腿菇配方试验 [J]. 食用菌（4）：32-33.

李守勉，王胜男，李明，等，2014. 莜麦秸秆营养成分测定及双孢菇栽培试验 [J]. 北方园艺（15）：146-149.

李玉，2011. 中国食用菌产业的发展态势 [J]. 食药用菌，19（1）：1-5.

李玉，2018. 中国食用菌产业发展现状、机遇和挑战 [J]. 菌物研究，16（3）：125-131.

李玉，2008. 中国食用菌产业现状及前瞻 [J]. 吉林农业大学学报（4）：1-3.

李智敏，胡镇修，朱作华，等，2012. 利用苎麻副产品栽培刺芹侧耳技术初步研究 [J]. 食用菌学报，19（3）：49-53.

栗方亮，王煌平，张青，等，2015. 稻田施用菌渣土壤团聚体的组成及评价 [J]. 生态与农村环境学报，31（3）：340-345.

刘波，陈倩倩，陈峥，等，2017. 饲料微生物发酵床养猪场设计与应用 [J]. 家畜生态学报，38（1）：73-78.

刘景，林维雄，方桂友，等，2016. 环保型饲粮对生长猪生长性能和养分排泄量的影响 [J]. 福建农业学报，31（4）：345-349.

刘宇，王兰青，王守现，等，2012. 棉柴栽培杏鲍菇试验 [J]. 中国食用菌，31（3）：32-34.

刘芸，仇农学，殷红，2010. 以苹果渣为基质发酵生产凤尾菇白灵菇猴头菇菌丝的试验 [J]. 食用菌（6）：28-30.

刘明香，林忠宁，陈敏健，等，2011. 茶枝屑代料栽培对灵芝生物转化率和质量的影响 [J]. 福建农业学报，26（5）：742-746.

刘培贵，王向华，于富强，等，2003. 中国大型高等真菌生物多样性的关键类群 [J]. 云南植物研究，25（3）：285-296.

刘朋虎，江枝和，雷锦桂，等，2014. 姬松茸新品种'福姬5号' [J]. 园艺学报，41（4）：807-808.

刘晓梅，邹亚杰，胡清秀，等，2015. 菌渣纤维素降解菌的筛选与鉴定 [J]. 农业环境科学学报，34（7）：1384-1391.

刘正慧，李丹，SOSSAH FREDERICK LEO，等，2018. 食用菌主要病原真菌和

细菌 [J]. 菌物研究, 16 (3)：158-163.

刘姿彤, 王延峰, 刘海荣, 等, 2013. 苹果渣袋料栽培秀珍菇试验初报 [J]. 黑龙江农业科学 (1)：103-105.

卢敏, 李玉, 2012. 中国食用菌产业发展新趋势 [J]. 安徽农业科学, 40 (5)：3121-3124, 3127.

卢玉文, 陈雪凤, 2011. 利用桑枝栽培猴头菇技术研究 [J]. 中国食用菌, 30 (2)：25-26, 30.

卢玉文, 梁云, 陈雪凤, 等, 2013. 适合桑枝栽培猴头菇优良菌株筛选试验 [J]. 中国食用菌, 32 (4)：20-22.

卢政辉, 廖剑华, 蔡志英, 等, 2016. 杏鲍菇菌渣循环栽培双孢蘑菇的配方优化 [J]. 福建农业学报, 31 (7)：723-727.

鲁丽鑫, 刘宏宇, 姚方杰, 等, 2017. 食用菌遗传连锁图谱研究进展 [J]. 菌物研究, 15 (2)：140-143.

马璐, 林衍铨, 肖胜刚, 等, 2016. 与槟榔芋间作的棘托竹荪栽培配方筛选 [J]. 菌物研究, 14 (1)：55-58.

牛贞福, 国淑梅, 董仲国, 等, 2016. 基于食用菌产业转型升级的创新型人才队伍培养 [J]. 山东农业工程学院学报, 33 (1)：45-47.

阮成江, 何祯祥, 2002. 中国植物遗传连锁图谱构建研究进展 [J]. 西北植物学报, 22 (6)：1526-1536.

宿红艳, 王磊, 明永飞, 等, 2008. ISSR 分子标记技术在金针菇菌株鉴别中的应用 [J]. 生态学杂志, 27 (10)：1725-1728.

覃宝山, 廖庆钊, 2014. 板栗苞壳栽培杏鲍菇的试验 [J]. 河池学院学报, 34 (5)：30-36.

覃宝山, 覃勇荣, 杜义, 等, 2009. 板栗苞壳栽培平菇和秀珍菇的比较试验 [J]. 中国食用菌, 28 (3)：25-27.

覃宝山, 覃勇荣, 陆曾龙, 等, 2010. 利用板栗苞壳栽培灵芝的试验 [J]. 北方园艺 (2)：217-219.

陶祥生, 黄卫华, 叶长文, 等, 2014. 栗苞基质栽培灰树花试验初报 [J]. 食用菌, 36 (1)：38.

通占元, 王志恒, 2010. 棉秆柱 (块) 式栽培食用菌配套技术应用研究 [J]. 食用菌 (6)：42-43.

图力古尔，鲁铁，2017. 蕈菌基因组测序的进展［J］. 菌物研究，15（3）：151-165.

王冲，张林，张伦，等，2013. 茶枝屑代料培育灵芝原种的对比试验［J］. 贵州科学，31（3）：55-60.

王德芝，周颖，2011. 板栗苞栽培榆黄蘑配方筛选及效益比较研究［J］. 湖北农业科学，50（18）：3737-3738.

王德芝，周颖，2011. 板栗苞生物发酵栽培茶薪菇研究［J］. 北方园艺（12）：152-153.

王煌平，张青，翁伯琦，等，2013. 双氰胺单次配施和反复配施的土壤氮素形态和蔬菜硝酸盐累积变化［J］. 生态学报，33（15）：4608-4615.

王建瑞，刘宇，鲁铁，等，2013. 利用荻枯茎栽培糙皮侧耳和美味扇菇［J］. 食用菌学报，20（4）：24-26.

王杰，钟武杰，2016. 食用菌产业专业化人才培养模式的探索［J］. 微生物学通报，43（7）：1612-1615.

王伟科，周祖法，袁卫东，等，2008. 利用桑枝屑栽培秀珍菇试验［J］. 浙江食用菌，16（5）：35-36.

王义祥，叶菁，肖生美，等，2015. 铺料厚度对双孢蘑菇栽培过程酶活性和CO_2排放的影响［J］. 农业环境科学学报，34（12）：2418-2425.

韦旅研，黄云柳，陈启才，2013. 广西宜州市桑枝秀珍菇主要栽培品种对比试验初报［J］. 农村经济与科技，24（9）：156-157.

吴登，郑凯芸，卢玉文，等，2011. 适合桑枝屑栽培的秀珍菇优良菌株筛选试验［J］. 食用菌（2）：20-21.

吴晓梅，叶美锋，吴飞龙，等，2017. 固化微生物处理规模化养猪场废水的试验研究［J］. 能源与环境（1）：14-15.

吴章荣，卢玉文，梁云，等，2014. 木薯秆屑代料栽培杏鲍菇配方试验［J］. 食用菌（1）：36-37.

夏凤娜，邵满超，黄龙花，等，2012. 桉树木屑栽培食用菌［J］. 食用菌学报，18（3）：42-44.

谢建英，祁星，2020. 武威市食用菌产业发展现状及意见建议［J］. 农民致富之友（6）：12-13.

徐建俊，李彪，马洁，等，2012. 苎麻全秆栽培平菇和秀珍菇的比较试验［J］.

中国食用菌, 31 (5): 63-64.

许晓燕, 余梦瑶, 罗霞, 等, 2008. 利用 AFLP 和 SRAP 标记分析 19 株毛木耳的遗传多样性 [J]. 西南农业学报, 21 (1): 121-124.

杨菁, 林代炎, 翁伯琦, 等, 2015. 应用猪粪分离渣栽培毛木耳的品质研究 [J]. 中国食用菌, 34 (1): 29-31.

杨晓华, 2014. 果渣栽培黑木耳的试验研究 [J]. 中国林副产 (5): 19-20.

杨玉画, 李彩萍, 聂建军, 2011. 山西省食用菌产业现状分析与发展对策 [J]. 山西农业科学, 39 (7): 756-760.

叶仲顺, 郑明海, 邵云华, 2012. 板栗壳生料免棚栽培平菇技术 [J]. 食药用菌, 20 (2): 110-111.

应正河, 林衍铨, 江晓凌, 等, 2014. 微生物发酵床养猪垫料对 5 种食用菌菌丝生长的影响 [J]. 福建农业学报, 29 (10): 982-986.

曾庆才, 肖荣凤, 刘波, 等, 2014. 以微生物发酵床养猪垫料为主要基质的哈茨木霉 FJAT-9040 固体发酵培养基优化 [J]. 热带作物学报, 35 (4): 771-778.

张海华, 张士康, 朱跃进, 等, 2013. 以茶渣为基料栽培食用菌菌种筛选研究 [C]. 贵阳: 第十五届中国科协年会第 20 分会场: 科技创新与茶产业发展论坛论文集: 87-90.

张俊飚, 李波, 2012. 对我国食用菌产业发展的现状与政策思考 [J]. 华中农业大学学报 (社会科学版) (5): 13-21.

张瑞颖, 郭德章, 林原, 等, 2012. 棉秆替代棉籽壳栽培柱状田头菇, 秀珍菇 [J]. 食用菌学报, 19 (4): 31-34.

张云茹, 富继虎, 唐国发, 等, 2013. 柑橘皮渣栽培平菇及其营养安全评估 [J]. 食品与发酵工业, 39 (12): 140-144.

赵承刚, 刘斌, 黄福常, 等, 2014. 利用木薯酒精渣及木薯秆屑栽培巨大口蘑初探 [J]. 食用菌, 36 (4): 24-26.

钟珍梅, 宋亚娜, 黄秀声, 等, 2016. 沼液对狼尾草地土壤微生物群落的影响 [J]. 草地学报, 24 (1): 54-60.

朱育菁, 刘波, 陈峥, 等, 2016. 福建芽胞杆菌资源保藏中心的建设与管理 [J]. 福建农业科技, 47 (8): 74-76.

ALFONSO L, PISABARRO A G, 2001. Use of molecular markers to differentiate between commercial strains of the button mushroom *Agaricus bisporus* [J]. FEMS Microbiology Letters, 198: 45-48.

CHIU S W, CHEN M, CHANG S T, 1995. Differentiating homothallic *Volvarie-lla mushrooms* by RFLPs and AP - PCR [J]. Mycological Research, 99 (3): 333-336.

CHIU S W, MA A M, LIN F C, et al., 1996. Genetic homogeneity of cultivated strains of shiitake (*Lentinula edodes*) used in China as revealed by the polymerase chain reaction [J]. Mycological Research, 100 (11): 1393-1399.

STANIASZEK M, MARCZEWSKI W, SZUDYGA K, et al., 2002. Genetic relationship between Polish and Chinese strains of the mushroom *Agaricus bisporus* (Lange) Sing., determined by the RAPD method [J]. Journal of applied genetics, 43 (1): 43-48.

TERASHIMA K, MATSUMOTO T, HASEBE K, et al., 2002. Genetic diversity and strain - typing in cultivated strains of *Lentinula edodes* (the shiitake mushroom) in Japan by AFLP analysis [J]. Mycological Research, 106 (1): 34-39.